IPA-IAO
Forschung und Praxis

Band 82

Berichte aus dem
Fraunhofer-Institut für Produktionstechnik
und Automatisierung (IPA), Stuttgart,
Fraunhofer-Institut für Arbeitswirtschaft
und Organisation (IAO), Stuttgart, und
Institut für Industrielle Fertigung und
Fabrikbetrieb der Universität Stuttgart

Herausgeber: H. J. Warnecke und H.-J. Bullinger

Heinrich Vähning

Flexibilität von personalintensiven Montagesystemen bei Serienfertigung

Mit 48 Abbildungen

Springer-Verlag
Berlin Heidelberg New York Tokyo

Dipl.-Ing., Dipl.-Wirtsch.-Ing. Heinrich Vähning
Fraunhofer-Institut für Arbeitswirtschaft und Organisation (IAO), Stuttgart

Dr.-Ing. H. J. Warnecke
o. Professor an der Universität Stuttgart
Fraunhofer-Institut für Produktionstechnik und Automatisierung (IPA), Stuttgart

Dr.-Ing. habil. H.-J. Bullinger
o. Professor an der Universität Stuttgart
Fraunhofer-Institut für Arbeitswirtschaft und Organisation (IAO), Stuttgart

D 93

ISBN-13:978-3-540-15093-0   e-ISBN-13:978-3-642-82422-7
DOI: 10.1007/978-3-642-82422-7

Gesamtherstellung: Copydruck GmbH, Heimsheim
2362/3020—543210

<u>Geleitwort der Herausgeber</u>

Futuristische Bilder werden heute entworfen:

o Roboter bauen Roboter,

o Breitbandinformationssysteme transferieren riesige Datenmengen in
  Sekunden um die ganze Welt.

Von der "menschenleeren Fabrik" wird da gesprochen und vom "papierlo-
sen Büro". Wörtlich genommen muß man beides als Utopie bezeichnen,
aber der Entwicklungstrend geht sicher zur "automatischen Fertigung"
und zum "rechnerunterstützten Büro". Forschung bedarf der Perspektive,
Forschung benötigt aber auch die Rückkopplung zur Praxis - insbesondere im Bereich der Produktionstechnik und der Arbeitswissenschaft.

Für eine Industriegesellschaft hat die Produktionstechnik eine Schlüs-
selstellung. Mechanisierung und Automatisierung haben es uns in den
letzten Jahren erlaubt, die Produktivität unserer Wirtschaft ständig
zu verbessern. In der Vergangenheit stand dabei die Leistungssteigerung
einzelner Maschinen und Verfahren im Vordergrund. Heute wissen wir, daß
wir das Zusammenspiel der verschiedenen Unternehmensbereiche stärker
beachten müssen. In der Fertigung selbst konzipieren wir flexible Fertigungssysteme, die viele verkettete Einzelmaschinen beinhalten. Dort,
wo es Produkt und Produktionsprogramm zulassen, denken wir intensiv
über die Verknüpfung von Konstruktion, Arbeitsvorbereitung, Fertigung
und Qualitätskontrolle nach. Rechnerunterstützte Informationssysteme
helfen dabei und sollen zum CIM (Computer Integrated Manufacturing)
führen und CAD (Computer Aided Design) und CAM (Computer Aided Manufacturing) vereinen. Auch die Büroarbeit wird neu durchdacht und mit
Hilfe vernetzter Computersysteme teilweise automatisiert und mit den
anderen Unternehmensfunktionen verbunden. Information ist zu einem
Produktionsfaktor geworden, und die Art und Weise, wie man damit umgeht,
wird mit über den Unternehmenserfolg entscheiden.

Der Erfolg in unseren Unternehmen hängt auch in der Zukunft entscheidend von den dort arbeitenden Menschen ab. Rationalisierung und Automatisierung müssen deshalb im Zusammenhang mit Fragen der Arbeitsgestal-
tung betrieben werden, unter Berücksichtigung der Bedürfnisse der Mitarbeiter und unter Beachtung der erforderlichen Qualifikationen. Investitionen in Maschinen und Anlagen müssen deshalb in der Produktion wie
im Büro durch Investitionen in die Qualifikation der Mitarbeiter be-
gleitet werden. Bereits im Planungsstadium müssen Technik, Organisation
und Soziales integrativ betrachtet und mit gleichrangigen Gestaltungs-
zielen belegt werden.

Von wissenschaftlicher Seite muß dieses Bemühen durch die Entwicklung
von Methoden und Vorgehensweisen zur systematischen Analyse und Verbesserung des Systems Produktionsbetrieb einschließlich der erforderlichen Dienstleistungsfunktionen unterstützt werden. Die Ingenieure
sind hier gefordert, in enger Zusammenarbeit mit anderen Disziplinen,
z. B. der Informatik, der Wirtschaftswissenschaften und der Arbeitswissenschaft, Lösungen zu erarbeiten, die den veränderten Randbedingungen
Rechnung tragen.

Beispielhaft sei hier an den großen Bereich der Informationsverarbeitung im Betrieb erinnert, der von der Angebotserstellung über Konstruktion und Arbeitsvorbereitung, bis hin zur Fertigungssteuerung und Qualitätskontrolle reicht. Beim Materialfluß geht es um die richtige Aus-

wahl und den Einsatz von Fördermitteln sowie Anordnung und Ausstattung
von Lagern. Große Aufmerksamkeit wird in nächster Zukunft auch der
weiteren Automatisierung der Handhabung von Werkstücken und Werkzeugen sowie der Montage von Produkten geschenkt werden.

Von der Forschung muß in diesem Zusammenhang ein Beitrag zum Einsatz
fortschrittlicher intelligenter Computersysteme erfolgen. Planungs-
prozesse müssen durch Softwaresysteme unterstützt und Arbeitsbedingungen wissenschaftlich analysiert und neu gestaltet werden.

Die von den Herausgebern geleiteten Institute, das

- Institut für Industrielle Fertigung und Fabrikbetrieb der Universität
  Stuttgart (IFF),

- Fraunhofer-Institut für Produktionstechnik und Automatisierung (IPA),

- Fraunhofer-Institut für Arbeitswirtschaft und Organisation (IAO)

arbeiten in grundlegender und angewandter Forschung intensiv an den
oben aufgezeigten Entwicklungen mit. Die Ausstattung der Labors und
die Qualifikation der Mitarbeiter haben bereits in der Vergangenheit
zu Forschungsergebnissen geführt, die für die Praxis von großem
Wert waren. Zur Umsetzung gewonnener Erkenntnisse wird die Schriftenreihe "IPA-IAO - Forschung und Praxis" herausgegeben. Der vorliegende
Band setzt diese Reihe fort. Eine Übersicht über bisher erschienene
Titel wird am Schluß dieses Buches gegeben.

Dem Verfasser sei für die geleistete Arbeit gedankt, dem Springer-
Verlag für die Aufnahme dieser Schriftenreihe in seine Angebotspa-
lette und der Druckerei für saubere und zügige Ausführung. Möge das
Buch von der Fachwelt gut aufgenommen werden.

H. J. Warnecke · H.-J. Bullinger

Vorwort

Die vorliegende Dissertation entstand während meiner Tätigkeit als wissenschaftlicher Mitarbeiter der Hauptabteilung Arbeitswirtschaft am Fraunhofer-Institut für Produktionstechnik und Automatisierung (IPA) und nach Verselbständigung dieser Hauptabteilung am Fraunhofer-Institut für Arbeitswirtschaft und Organisation (IAO) in Stuttgart.

Herrn Professor Dr.-Ing. H.-J. Bullinger, dem Leiter des Lehrstuhls für Arbeitswissenschaft an der Universität Stuttgart und Direktor des Fraunhofer-Instituts für Arbeitswirtschaft und Organisation (IAO), danke ich für seine wohlwollende Unterstützung und großzügige Förderung der Arbeit.

Mein Dank gilt auch Herrn Professor DTech. h.c. Dipl.-Ing. K. Tuffentsammer, dem Leiter des Instituts für Werkzeugmaschinen an der Universität Stuttgart, für die eingehende Durchsicht der Arbeit und die sich daraus ergebenden Hinweise.

Darüber hinaus möchte ich den ehemals wie den derzeit beschäftigten Mitarbeitern des IAO danken, die mir durch kritische Hinweise und stete Diskussionsbereitschaft sehr geholfen haben. Dieser Dank gilt insbesondere Frau Dipl.-Ing. G. Sattler, Herrn Dipl.-Inform., Dipl.-Ing.(FH) K. Schmid, Herrn Ing.(grad.) B. Weller und Herrn Dr.-Ing. J. Warschat.

Dank sagen möchte ich auch meiner Frau Susanne, die mit großer Geduld die familiären Belastungen eines Promotionsverfahrens auf sich nahm.

Stuttgart, im Oktober 1984   H. Vähning

INHALTSVERZEICHNIS   <u>Seite</u>

ABKÜRZUNGEN UND FORMELZEICHEN

a   Laufindex für Flexibilitätsarten
AP   Arbeitsplatz
AP_x Arbeitsplatz x

B   Bestands-Flexibilität
BM   Betriebsmittel

C   Konstante

E   Entwicklungs-Flexibilität

f   Funktion
F   ermittelter Flexibilitätsgrad eines Systemes
F*   tatsächlicher (jedoch unbekannter) Flexibilitätsgrad
             eines Systemes
F_a ermittelter Flexibilitätsgrad einer
             Flexibilitätsart a
F^*_a tatsächlicher Flexibilitätsgrad einer
             Flexibilitätsart a
F_{ai} Flexibilitätsgrad einer Flexibilitätsart a
             aufgrund der möglichen Anpassungsmaßnahme i
F_{as} Flexibilitätsgrad der Flexibilitätsart a im
             Subsystem s
F_{asi} Flexibilitätsgrad der Flexibilitätsart a im
             Subsystem s aufgrund der möglichen Anpassungs-
             maßnahme i
F_s Flexibilitätsgrad des Subsystemes s
F_{si} Flexibilitätsgrad des Subsystemes s aufgrund
             der Anpassungsmaßnahme i

g_a Gewichtungsfaktor der Flexibilitätsart a
g_D Gewichtungsfaktor für die Anpassungsdistanz
g_I Gewichtungsfaktor für die Anzahl der
             Anpassungsintervalle
g_K Gewichtungsfaktor für die Anpassungskosten

g_P	Gewichtungsfaktor für das Potential für Anpassungsmaßnahmen
g_{So}	Gewichtungsfaktor für sonstige Widerstände gegen Anpassungsmaßnahmen
g_T	Gewichtungsfaktor für die Anpassungszeit
g_W	Gewichtungsfaktor für die Widerstände gegen Anpassungsmaßnahmen
i	Laufindex für Anpassungsmaßnahmen
m	Anzahl der berücksichtigten Flexibilitätsarten
MA	Mitarbeiter
MA_x	Mitarbeiter x
MAX	Maximum
MS	Montagesystem
N	Nacharbeitsplatz
P	Potential für Anpassungsmaßnahmen eines Systemes
P_{ai}	Potential einer Flexibilitätsart a aufgrund der möglichen Anpassungsmaßnahme i
P_{aiD}	Anpassungsdistanz einer Flexibilitätsart a aufgrund der möglichen Anpassungsmaßnahme i
P_{aiI}	Anzahl der Anpassungsintervalle einer Flexibilitätsart a aufgrund der möglichen Anpassungsmaßnahme i
P_{as}	Potential für Anpassungsmaßnahmen der Flexibilitätsart a im Subsystem s
P_{asi}	Potential für Anpassungsmaßnahmen der Flexibilitätsart a im Subsystem s aufgrund der Anpassungsmaßnahme i
P_D	Anpassungsdistanz
P^*_D	Absolutwert für die Anpassungsdistanz
P_{Df}	Anpassungsdistanz eines flexiblen Vergleichssystemes, das sich an die gestellten Anforderungen sehr gut anpassen kann
P^*_{Df}	Absolutwert für die Anpassungsdistanz des flexiblen Vergleichssystemes
P_{Dr}	Anpassungsdistanz des betrachteten Systemes

P^*_{Dr}	Absolutwert für die Anpassungsdistanz des betrachteten Systemes
P_I	Anzahl der Anpassungsintervalle
PR	Produktionsregel
PS	Produktionssystem
P_{si}	Potential des Subsystemes s aufgrund der Anpassungsmaßnahme i
r	Anzahl der Subsysteme
R	Anforderungspotential für Anpassungsmaßnahmen eines Systemes
R_a	Anforderungspotential für Anpassungsmaßnahmen bezüglich der Flexibilitätsart a
R_{aD}	erforderliche Anpassungsdistanz bezüglich der Flexibilitätsart a
R_{aI}	erforderliche Anzahl der Anpassungsintervalle bezüglich der Flexibilitätsart a
R_{as}	Anforderungspotential für Anpassungsmaßnahmen der Flexibilitätsart a im Subsystem s
R_{asD}	erforderliche Anpassungsdistanz bezüglich der Flexibilitätsart a im Subsystem s
R_{asI}	erforderliche Anzahl der Anpassungsintervalle bezüglich der Flexibilitätsart a im Subsystem s
R_D	erforderliche Anpassungsdistanz eines Systemes
R_I	erforderliche Anzahl der Anpassungsintervalle eines Systemes
R_s	Anforderungspotential für Anpassungsmaßnahmen des Subsystemes s
R_{sD}	erforderliche Anpassungsdistanz des Subsystemes s
R_{sI}	erforderliche Anzahl der Anpassungsintervalle des Subsystemes s
s	Laufindex für Subsysteme
σ^2_F	Varianz des Flexibilitätsgrades eines Systemes
TZ	technisches Zentrum

u	relativer Flexibilitätsgrad eines Systemes
u_a	relativer Flexibilitätsgrad der Flexibilitätsart a
u_{as}	relativer Flexibilitätsgrad der Flexibilitätsart a im Subsystem s
u_s	relativer Flexibilitätsgrad des Subsystemes s
W	Widerstände gegen Anpassungsmaßnahmen eines Systemes
W_{ai}	Widerstände einer Flexibilitätsart a aufgrund der möglichen Anpassungsmaßnahme i
W_{aiK}	Anpassungskosten einer Flexibilitätsart a aufgrund der möglichen Anpassungsmaßnahme i
W_{aiT}	Anpassungszeit einer Flexibilitätsart a aufgrund der möglichen Anpassungsmaßnahme i
W_{aiSo}	sonstige Widerstände einer Flexibilitätsart a aufgrund der möglichen Anpassungsmaßnahme i
W_{as}	Widerstände einer Flexibilitätsart a im Subsystem s
W_{asi}	Widerstände einer Flexibilitätsart a im Subsystem s aufgrund der Anpassungsmaßnahme i
W_K	Anpassungskosten
W_{si}	Widerstände gegen Anpassungsmaßnahmen des Subsystemes s aufgrund der Anpassungsmaßnahme i
W_{So}	sonstige Widerstände gegen Anpassungsmaßnahmen
WST	Werkstückträger
W_T	Anpassungszeit
x	Laufindex für Mitarbeiter und Arbeitsplätze
y	Laufindex für Arbeitsplätze

1 <u>EINLEITUNG</u>

Industrieunternehmen sind fortwährend Veränderungen der auf sie wirkenden Einflußfaktoren ausgesetzt. Um auch zukünftig wettbewerbsfähig zu verbleiben, müssen Industrieunternehmen sich ständig den veränderten Bedingungen, z.B. bezüglich der Gesellschaft, der Gesetze und Tarife, des Arbeits-, Absatz- und Beschaffungsmarktes sowie des technischen Fortschrittes, anpassen. Dies gilt jedoch nicht nur für die Unternehmens- führung, sondern insbesondere auch für den Bereich Pro- duktion./1/.

Um in der Produktion erforderliche Anpassungsmaßnahmen an veränderte Bedingungen ohne großen Zeit- und Kostenaufwand durchführen zu können, ist ein sinnvolles Maß an Flexibili- tät eine wichtige Voraussetzung. Eine hohe Flexibilität ist häufig nur unter Inkaufnahme entsprechender Kosten instal- lierbar. Sie gestattet aber gerade eine bessere Anpassung an verschiedene Situationen und in denen dann relativ niedrige Gesamtkosten /2/.

Wie mehrere Forschungsprojekte in der Industrie gezeigt ha- ben, kommt Montagesystemen, in denen die letzte Stufe des Produktionsprozesses vollzogen wird, hinsichtlich der Anpas- sung der Produktion an veränderte Bedingungen eine besondere Bedeutung zu (vgl. /3,4,5,6/). Grund dafür ist, daß verän- derte Einflußfaktoren in vielen Fällen erst spät erkannt werden und der Zeitraum für mögliche Reaktionen dann stark reduziert ist.

In der vorliegenden Arbeit werden die <u>Flexibilität</u>, ihre <u>Planung</u> und <u>Nutzung</u> am Beispiel von personalintensiven Mon- tagesystemen bei Serienfertigung untersucht und für diese Problembereiche Lösungsmöglichkeiten aufgezeigt. Somit soll ein Beitrag geleistet werden, daß eine sinnvolle Durchfüh- rung notwendiger Anpassungsmaßnahmen in der Montage aufgrund veränderter Bedingungen gewährleistet werden kann.

2.1   Begriffsbestimmungen

Es wird im folgenden eine Übersicht über die Begriffe gegeben, deren Definitionen für die Arbeit von grundlegender Bedeutung sind. Weitere Begriffsdefinitionen erfolgen in späteren Abschnitten im Zusammenhang mit ihrer erstmaligen Ver-
wendung. Im Anhang A.1 werden die wichtigsten Begriffsdefinitionen zusammengefaßt. Bei ihrer Definition im Text werden
die Begriffe unterstrichen.

2.1.1   Zum Begriff "Flexibilität"

Das Substantiv "Flexibilität" leitet sich vom lateinischen
"flexibilitas" und das zugehörige Adjektiv "flexibel" von
"flexibilis" ab. Der Inhalt des Begriffes "flexibilis" umfaßt biegsam, elastisch, beweglich, anpassungsfähig, geschmeidig usw. /7/. "Flexibilität" ist eine Systemeigenschaft /8/. Ein System wird dabei allgemein verstanden als
"eine Menge von Elementen und zugleich die Menge von Relationen, die zwischen diesen Elementen bestehen" /9/.

In Anlehnung an Schmigalla soll die Flexibilität in eine Be-
stands- und Entwicklungs-Flexibilität unterteilt werden /10/:

o Als Bestands-Flexibilität wird die Anpassungsfähigkeit von
  Systemen an veränderte Anforderungen im zeitlichen Verlauf
  verstanden, wobei sich die Elemente und die Struktur nicht
  oder nur geringfügig verändern, so daß die Charakteristik
  des Systems erhalten bleibt.

o Als Entwicklungs-Flexibilität wird die Anpassungsfähigkeit
  (Anpaßbarkeit) von Systemen an veränderte Anforderungen im
  zeitlichen Verlauf verstanden, wobei sich die Elemente
  und/oder die Struktur und somit auch die Charakteristik
  des Systemes verändern.

Um die Unterschiede der Flexibiltität bei bestehenden und zu planenden Systemen zu verdeutlichen, soll zu den oben stehenden Definitionen eine Ergänzung angefügt weden (Bild 1):

o Die Flexibilität von bestehenden Systemen wird als Ist-Flexibilität (Ist-Bestands- oder Ist-Entwicklungs-Flexibilität) bezeichnet.

o Die Flexibilität von zu planenden Systemen wird als Soll-Flexibilität (Soll-Bestands- oder Soll-Entwicklungs-Flexibilität) bezeichnet.

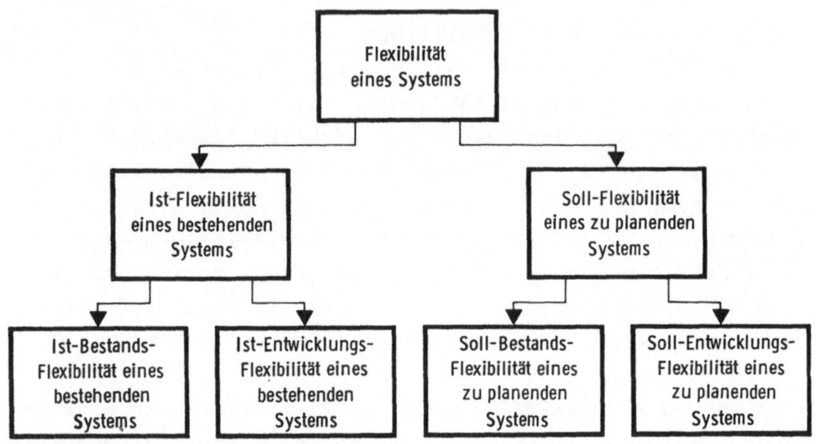

Bild 1: Gliederung der Flexibilität eines Systemes

2.1.2   Zum Begriff "Personalintensive Montagesysteme bei Serienfertigung"

Als Montagesysteme werden im folgenden Arbeitssysteme im Montageprozeß bezeichnet, deren Arbeitsaufgabe darin besteht, Einzelteile zu Baugruppen oder Einzelteile und Baugruppen zu Endprodukten zusammenzubauen. Zur Ausführung der Arbeitsaufgabe wirken Mensch und Arbeitsmittel als Elemente des Arbeitssystemes in einer gemeinsamen Arbeitsumgebung zusammen /11/.

Als p̲e̲r̲s̲o̲n̲a̲l̲i̲n̲t̲e̲n̲s̲i̲v̲e̲ M̲o̲n̲t̲a̲g̲e̲s̲y̲s̲t̲e̲m̲e̲ werden die Montagesysteme definiert, bei denen das Personal wesentlicher Träger
der Erfüllung der Arbeitsaufgabe ist. Da das Zusammenwirken
von Mensch und Arbeitsmittel in personalintensiven Montagesystemen gleichzeitig durch "Handarbeit", "Mechanisierung"
und teilweise auch "Automatisierung" geprägt sein kann, sind
die Übergänge von personalintensiven zu nicht-personalintensiven Montagesystemen fließend (vgl. /12/). Als Hilfsmittel
zur Abgrenzung lassen sich jedoch einfache Kennzahlen bilden, z.B. Relationen zwischen Anzahl manueller Arbeitsplätze
und Anzahl Arbeitsstationen insgesamt oder Relationen zwischen Personalkosten und Gesamtmontagekosten (ohne Material-
kosten). Bei über 75 % Personalkostenanteil wird beispielsweise sicherlich von personalintensiven, bei unter 25 % von
nicht-personalintensiven Montagesystemen zu sprechen sein.
Als ungefähre Trennungslinie kann ein Personalkostenanteil
von 50 % gelten.

Die S̲e̲r̲i̲e̲n̲f̲e̲r̲t̲i̲g̲u̲n̲g̲ i̲n̲_̲d̲e̲r̲_̲M̲o̲n̲t̲a̲g̲e̲ kann analog zu Fertigungssystemen als ununterbrochene Montage gleicher oder ähn-
licher Produkte in der für ein Los (optimale Losgröße)
erforderlichen Menge definiert werden. Wesentlich dabei ist,
daß die gesamte Stückzahl des Loses an jedem Arbeitsplatz
ohne Unterbrechung durch Einrichte- oder Umrüstarbeit montiert wird (vgl. /13,14/). Montagesysteme bei Serienfertigung sind häufig als Fließmontagen ausgebildet.

2.1.3   Zum Begriff "Flexibles Montagesystem"

Ropohl definiert f̲l̲e̲x̲i̲b̲l̲e̲_̲S̲y̲s̲t̲e̲m̲e̲ als strukturdynamische
(zeitvariable) Systeme, während Systeme mit unveränderlicher
Struktur als starr bezeichnet werden /15/.

Für ein S̲y̲s̲t̲e̲m̲m̲o̲d̲e̲l̲l̲ ist es im allgemeinen leicht entscheid-
bar, ob es sich entsprechend dieser Definition um ein
flexibles System handelt. Bezüglich realer Montagesysteme
muß jedoch die Unterscheidung, ob es sich um ein starres,
bzw. um ein mehr oder weniger flexibles System handelt,

pragmatischer erfolgen. Dies muß vor allem in Zusammenhang
mit der These gesehen werden, daß sich im Prinzip jedes rea-
le System bei entsprechend hohem Aufwand an Zeit und Kosten
veränderten Anforderungen anpassen läßt.

Aus Praktikabilitätsgesichtspunkten sollen deshalb flexible
Montagesysteme als Komplement zu den starren Montagesystemen
eingeführt werden. Als starr wird ein Montagesystem bezeichnet, das entweder die Flexibilitätsanforderungen nicht oder
nicht innerhalb der übergeordneten betrieblichen Zielfunktionen erfüllen kann. Dabei werden unter Flexibilitätsanforderungen die Anforderungen an ein Montagesystem verstanden,
bei deren Erfüllung das Systemverhalten vom "Normalbetrieb"
abweicht. Die Zielfunktionen für Teilbereiche eines Unternehmens, z.B. für Montagesysteme, leiten sich direkt aus den
Unternehmenszielen ab. Diese Zielfunktionen können u.a.
sein: Wirtschaftlichkeit, Produktqualität oder menschengerechte Arbeitsbedingungen.

Ob ein Montagesystem also als flexibel bezeichnet werden
kann, hängt nach dieser pragmatischen Definition wesentlich
von den Flexibilitätsanforderungen und den betrieblichen
Zielfunktionen ab. Zur Interpretation von Aussagen über die
Flexibilität eines Montagesystemes muß diese Bezugsbasis jeweils angegeben werden.

Für eine absolute, betriebsübergreifende Einschätzung der
Flexibilität eines Montagesystemes müßten also sowohl die
Flexibilitätsanforderungen wie auch die betrieblichen Zielfunktionen einem allgemeinen Konsens genügen, was nicht rea-
listisch ist. Darüber hinaus könnten so geartete Aussagen
für konkrete, betriebliche Problemstellungen sicherlich nur
bedingt brauchbare Ansätze zur Planung und zum Betreiben von
flexiblen Montagesystemen liefern.

2.2 Problematik der Nutzung und Planung flexibler Montagesysteme

2.2.1 Steigende Flexibilitätsanforderungen

Die Konkurrenzsituation auf den Absatzmärkten verschärft sich. Immer häufiger sind differenzierte Kundenwünsche zu erfüllen, die zu Modifikationen der bisherigen Produkte oder zu Neuentwicklungen, zu Verkleinerungen der Auftragsumfänge und zu Verkürzungen der Lieferzeiten führen können. Starke Veränderungen der Nachfrage im Zeitverlauf verursachen große Schwankungen der Stückzahlausbringung. Auch für viele Unternehmen, die in der Vergangenheit relativ kontinuierlich, in größeren Serien nach einem längerfristig konstant vorgegebenen Programm ihre Produkte fertigen und absetzen konnten, hat sich dieser Wandel vollzogen. Wegen der verringerten durchschnittlichen Stückzahl pro Produkttyp steigt die Zahl der Produktanläufe, der Umstellungen und Umrüstungen, vor allem im Montagebereich, stark an /16/.

Parallel zu diesen Veränderungen sind aufgrund von kürzeren Innovationszeiten für das Entstehen neuer Technologien, z.B. der Mikroelektronik, häufigere Anpassungen in der Entwicklung neuer oder veränderter Produkte bzw. Produktionsverfahren notwendig /17/.

Hinsichtlich der veränderten Arbeitsmarktbedingungen sind einerseits das sich nach Anzahl und Qualifikation wandelnde Arbeitskräftepotential für die Unternehmen, andererseits die zukünftig steigenden Bedürfnisse und Erwartungen der Arbeitnehmer zu berücksichtigen /16/.

Darüber hinaus sind aufgrund von internen Einflußfaktoren, z.B. des Personals, der Organisation und der Technik, in der Produktion ständig Anpassungsprozesse zur Beseitigung von Mängeln und Störungen durchzuführen, die von dem betreffenden, einem vor- oder nachgelagerten Produktionssystem verursacht werden. Negative Auswirkungen mangelnder Qualifikation

der Arbeitskräfte, des Absentismus und der Fluktuation sind
weitgehend zu reduzieren. Bei auftretenden Planungs-, Steue-
rungs- und Ausführungsfehlern sind entsprechende Korrektur-
maßnahmen vorzusehen. Technische Störungen von Betriebsmitteln müssen schnell behoben und in ihren Auswirkungen auf
andere Produktionsabläufe begrenzt werden.

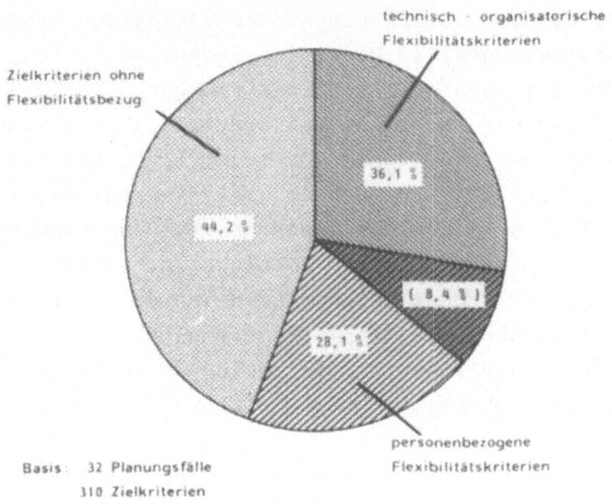

<u>Bild 2</u>: Anteil der Flexibilitätskriterien an den Zielkrite-
rien bei der Planung von Montagesystemen (vgl. /18/)

Den hohen Stellenwert der Flexibilität von Montagesystemen
verdeutlicht auch <u>Bild 2</u>, in dem der Anteil der Flexibili-
tätskriterien (über 55 %) an den Zielkriterien für 32 unter-
suchte Projekte zur Planung von Montagesystemen dargestellt
ist.

2.2.2   Nutzung und Planung flexibler Montagesysteme

Flexibel gestaltete Montagesysteme müssen in der Lage sein,
durch <u>Nutzung der vorhandenen Flexibilität</u> momentane, aber
auch zukünftige Flexibilitätsanforderungen, durch entsprechende <u>Anpassungsmaßnahmen</u> bei geringem Zeit- und Kostenaufwand unter Berücksichtigung der betrieblichen Zielfunktionen

zu erfüllen. Dabei ist zu berücksichtigen, daß häufig mehrere betriebliche Stellen eines Unternehmens in unterschiedlicher Weise einen Beitrag zur Erfüllung der Flexibilitätsanforderungen leisten können. Auch für Montagesysteme selbst ergeben sich häufig mehrere alternative Anpassungsmaßnahmen zur Erfüllung der gestellten Anforderungen. Um eine zweckmäßige Nutzung der Flexibilität eines Montagesystemes zu gewährleisten, ist eine Abklärung und Bewertung der alternativen Anpassungsmaßnahmen erforderlich.

Im Rahmen der Planung der Flexibilität von Montagesystemen werden die Voraussetzungen für Anpassungsmaßnahmen zur Erfüllung der Flexibilitätsanforderungen festgelegt. Die Voraussetzungen für Anpassungsmaßnahmen können das Personal, die Organisation, die Technik und/oder Produkte des Montagesystemes betreffen. In ihnen spiegelt sich die installierte Flexibilität eines Montagesystemes wider. Um diese Voraussetzungen für Anpassungsmaßnahmen im Sinne eines zweckmäßigen Maßes an Flexibilität eines Montagesystemes installieren zu können, sind die Flexibilitätsanforderungen sowie die möglichen Anpassungsmaßnahmen im Planungsstadium trotz bestehender Unsicherheiten möglichst weitgehend abzuklären. Die Planung der Flexibilität und ihre Bewertung sind dabei als operationale Bestandteile in den übergeordneten Planungsprozeß zur Gestaltung flexibler Montagesysteme zu integrieren.

2.3   Vorhandene Arbeiten zum behandelten Problemkreis

Die Problematik der Flexibilität in der Produktion wird von zahlreichen Autoren aufgegriffen. In vielen Fällen wird dabei pauschal und undifferenziert eine höhere Flexibilität der Industrieunternehmen gefordert, ohne daß Aussagen über die Flexibilitätsanforderungen, die Art der benötigten Flexibilität, ihre Zusammenhänge und Auswirkungen innerhalb des betrieblichen Geschehens gemacht werden. Für einzelne Aspekte der Flexibilität liegen jedoch erste Untersuchungsergebnisse vor.

Aus Sicht der Betriebswirtschaft wird häufig statt des Begriffes "Flexibilität" auch der Begriff "Elastizität" syno-
nym verwendet /19,20,21,22/. Gutenberg /19/ faßt die "be-
triebs- und fertigungstechnische Elastizität als rein tech-
nisches Phänomen" auf, wobei nach seiner Meinung eine hohe
betriebstechnische Elastizität durch eine verhältnismäßig
ungünstige Kostensituation erkauft wird. Nach Staudt /22/
wird durch eine weitgehende Rationalisierung mit Hilfe von
Automatisierung die betriebliche Elastizität über das sinnvolle Maß hinaus eingeschränkt. Er sieht momentan die
menschliche Arbeitskraft als Garant für die betriebliche
Elastizität an. Für die Zukunft hält er allerdings die "Ge-
genläufigkeit zwischen Automation und betrieblicher Elastizität" aufgrund "neuer Technologien", z.B. der Mikroelektronik, in Teilbereichen für aufhebbar. Eine besondere Bedeutung kommt der Flexibilitätsdiskussion in der Ungewißheits-
theorie im Rahmen der Investitionsplanung zu. Im Planungs-
zeitpunkt sind Entscheidungen zu treffen, die ihre Auswirkungen in der Zukunft haben, wobei nicht nur Daten zu Beginn
des Planzeitraumes bedeutsam sind, sondern mehr noch ihre
künftige Entwicklung /23/.

Für die Flexibilität in der Produktion liefern Schaefer
/24/, Schmigalla /10/, Woithe /25/ und Gottschalk /25,26/
allgemeine Aussagen. Sie unterscheiden jeweils in Produktionssystemen zwischen der Bestands-Flexibilität und der
Entwicklungs-Flexibilität, die teilweise auch als "Variabi-
lität" bezeichnet wird. Zusätzlich differenziert Schmigalla
/10/ hinsichtlich der Flexibilität (im Sinne der Bestands-
Flexibilität) von Ausrüstungssystemen zwischen einer technologischen, einer kapazitiven sowie einer strukturellen
Flexibilität.

Die umfangreichsten Ergebnisse bezüglich der Flexibilität
von Produktionssystemen liegen zu einem Spezialfall der Produktionstechnik, den <u>flexiblen Fertigungssystemen</u>, vor (vgl.
/8,27,28,29,30,31/. Die bisher geplanten oder auch schon
verwirklichten flexiblen Fertigungssysteme haben nur eine

eingeschränkte Flexibilität. "Echte, absolute Flexibilität"
wäre aber als Voraussetzung für eine automatische Fabrik
erst dann gegeben, wenn das Fertigungssystem auch eine "bun-
te Produktpalette" annehmen und abarbeiten würde /32/.

Bei Arbeitssystemen in der Teilefertigung, die sich nicht
sinnvoll in Richtung flexibler Fertigungssysteme automati-
sieren lassen, wird die Erhöhung der Flexibilität durch Ar-
beitsstrukturierung angestrebt /33/.

Die Entwicklung von flexibel automatisierten Montagesystemen, analog zu den flexiblen Fertigungssystemen, befindet
sich noch in ihren Anfängen /34/. In absehbarer Zeit werden
sich jedoch die Einsatzfälle von flexibel automatisierten
Montagesystemen erheblich erhöhen, verursacht durch die ver-
stärkte Entwicklung intelligenter Industrie-Robotergenera-
tionen mit Sensoren und anpassungsfähigen Rechnersteue-
rungen /35,36/.

Für personalintensive Montagesysteme wird versucht, die Flexibilität durch Arbeitsstrukturierungsmaßnahmen zu erhöhen.
Mit Hilfe der Arbeitsstrukturierungsmaßnahmen sollen im wesentlichen Flexibilitätsanforderungen bezüglich Personaleinsatz, Stückzahländerungen, Liefertermin, Auswirkungen von
Störungen, Typen und Varianten, neuen oder geänderten Produkten, neuen oder geänderten Fertigungsverfahren sowie Höhermechanisierung und Automatisierung erfüllt werden können
/3,4,5,6,11,16,37,38,39,40,41/.

Zur _Planung_ neuer Arbeitsformen in der Montage unter Berücksichtigung der Flexibilitätsanforderungen haben sich die von
Dittmayer /42/ beschriebenen Leitlinien bewährt (Bild 3).
Diese schwerpunktmäßig technisch-organisatorischen Leitlinien sind aus personeller Sicht noch durch Konzepte zur Personalentwicklung und Höherqualifizierung der Mitarbeiter
/43,44/ sowie aus organisatorischer Sicht durch eine flexible Fertigungssteuerung zu ergänzen /33,45,46/.

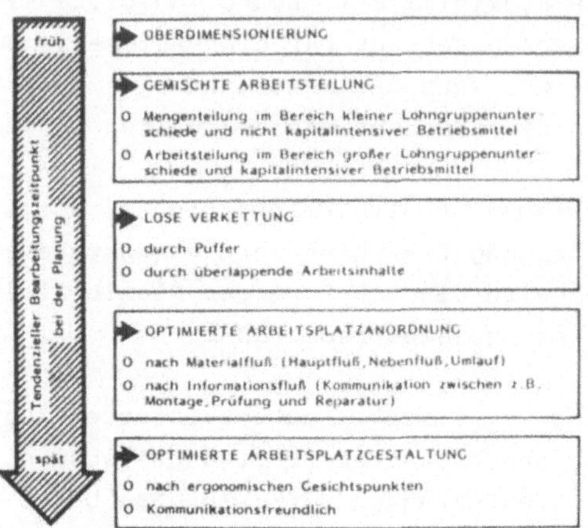

Bild 3: Leitlinien zur Planung und Gestaltung von
Montagesystemen /42/

Um das sinnvolle Maß an Flexibilität in der Produktion zu
bestimmen, werden von zahlreichen Autoren /2,10,21,23,24,29,
31,46,47/ Versuche zur Quantifizierung der Flexibilität
unternommen, um einen sogenannten "Flexibilitätsgrad" abzuleiten. Diese Quantifizierungsansätze sind teilweise sehr
pauschal oder nur für bestimmte Teilaspekte der Flexibilität
geeignet. Bei den differenzierteren Quantifizierungsansätzen
ist der notwendige Aufwand sehr hoch. Die Mängel des aggre-
gierten Flexibilitätsgrades wurden von den verschiedenen Autoren erkannt, indem sie den Flexibilitätsgrad im wesentlichen zur Abklärung der Zusammenhänge hinsichtlich der Flexibilität, nicht aber für eine operationale Planung, heranziehen.

Um Aussagen über die Nutzung und Planung der Flexibilität in
Produktionssystemen zu gewinnen, wird von einigen Autoren
pauschal auf Operations Research-Methoden, spezielle Opti-
mierungsmodelle /10/ sowie Simulationsmodelle /25,26,48/
verwiesen. Andere Autoren (vgl. /3,4,5,11,16,25/) verweisen
auf Wirtschaftlichkeitsbetrachtungen sowie ergänzende Nutzwertanalysen.

2.4   Zielsetzung und Vorgehensweise

Im Rahmen der im Abschnitt 2.2 aufgezeigten Problematik sind
insbesondere zwei Probleme bisher nicht behandelt oder nicht
befriedigend gelöst worden:

1. Ausgangspunkt für eine sinnvolle Festlegung der Flexibilität eines personalintensiven Montagesystemes bei Serienfertigung im Rahmen des Planungsprozesses ist die
   Analyse der Zusammenhänge zwischen den verschiedenen Flexibilitätsanforderungen, den möglichen Anpassungsmaßnahmen zu ihrer Erfüllung sowie der dafür notwendigen zu in-
   stallierenden Flexibilität.
2. Erforderliche geeignete Methoden zur Planung und Bewertung der Flexibilität sowie ihre operationale Einbindung
   in den gesamten Ablauf des Planungsprozesses bei flexiblen Montagesystemen liegen nicht vor.

Ziel dieser Arbeit ist es, Verfahren zur Untersuchung der
Flexibilität in Montagesystemen zu enwickeln. Mit Hilfe dieser Verfahren soll die Flexibilität analysiert und bewertet
werden können. Dadurch sollen Hinweise sowohl für eine sinnvolle Nutzung der Flexibilität bei bestehenden Systemen als
auch für die Planung der Flexibilität bei zu planenden oder
umzugestaltenden Systemen abgeleitet werden.

Zur Erreichung der oben stehenden Ziele sind zunächst allgemeine Grundlagen zur Flexibilität von Produktionssystemen zu
erarbeiten. Danach sind die Flexibilitätsanforderungen, mögliche Anpassungsmaßnahmen zu ihrer Erfüllung sowie die dafür
notwendige Flexibilität in Montagesystemen zu untersuchen.
Anschließend sind operationale Vorgehensweisen zur Analyse
und Bewertung der Flexibilität in Montagesystemen zu entwickeln. Diese Vorgehensweisen sind in den übergeordneten
Planungsprozeß zur Gestaltung von Montagesystemen zu integrieren. Beispielhaft sollen die Vorgehensweisen überprüft
und einige allgemein gültige Leitlinien und Richtwerte
hinsichtlich flexibler Montagesysteme abgeleitet werden.

   ENTWICKLUNG EINER VORGEHENSWEISE ZUR ANALYSE DER
FLEXIBILITÄT VON PRODUKTIONSSYSTEMEN

Die Untersuchungen der Flexibilität von Produktionssystemen
sind sehr komplex. Es muß zwischen einer Bestands- und Entwicklungs-Flexibilität unterschieden werden. Zahlreiche verschiedene Flexibilitätsanforderungen, mögliche alternative
Anpassungsmaßnahmen zu ihrer Erfüllung sowie die dafür notwendigen Voraussetzungen sind zu berücksichtigen. Häufig
können mehrere beteiligte Teilsysteme in einem Unternehmen
einen Beitrag zur Erfüllung der Flexibilitätsanforderungen
leisten.

Die nachfolgenden Aussagen zur Analyse der Flexibilität von
Produktionssystemen orientieren sich schwerpunktmäßig an
Montagesystemen.

3.1   Erläuterungen zur Bestands- und Entwicklungs-
Flexibilität von Produktionssystemen

In Bild 4 sind einige wichtige Merkmale für die Bestands-
und Entwicklungs-Flexibilität von Produktionssystemen aufgeführt. Bei der Bestands-Flexibilität von Produktionssystemen
werden nur solche Anpassungsmaßnahmen zur Erfüllung der Flexibilitätsanforderungen berücksichtigt, die die Elemente und
Struktur nicht oder nur geringfügig verändern. Die bisherige
Charakteristik des Systemes wird somit weitgehend beibehal-
ten. Die Erfüllung der Flexibilitätsanforderungen wird durch
verschiedene Verhaltensweisen des Systemes erreicht, die
aufgrund der dafür vorhandenen Voraussetzungen möglich sind.

Die Anpassungsmaßnahmen im Sinne der Entwicklungs-Flexibilität nutzen dagegen die vorhandenen Voraussetzungen zu Veränderungen der Elemente und Struktur des Systemes. Diese Anpassungsmaßnahmen verändern die Charakteristik des Systemes.
Sie sind in der Regel eher irreversibel bei vertretbarem
Aufwand und längerfristig anzusehen. Darüber hinaus beein-
flussen sie die bisherige Bestands-Flexibilität des Systemes.

MERKMALE	FLEXIBILITÄT VON PRODUKTIONSSYSTEMEN	
	BESTANDS-FLEXIBILITÄT	ENTWICKLUNGS-FLEXIBILITÄT
Kurzdefinition	Anpassungsfähigkeit ohne oder mit geringen Veränderungen der Elemente und Struktur des Systemes	Anpaßbarkeit mit Veränderungen der Elemente und Struktur des Systemes
Reaktion auf geänderte Anforderungen an das System	Nutzung der Voraussetzungen für verschiedene mögliche Verhaltensweisen	Nutzung der Voraussetzungen für Veränderungen der Elemente und Struktur
Einfluß der möglichen Anpassungsmaßnahmen auf Charakteristik des Systemes	Erhaltung der Charakteristik	Veränderung der Charakteristik
Aktivität Passivität des Systemes bei möglichen Anpassungsmaßnahmen	eher aktiv (Fähigkeit, sich selbst anzupassen – Anpassungsfähigkeit)	eher passiv (Fähigkeit, angepaßt zu werden – Anpaßbarkeit)
Reversibilität möglicher Anpassungsmaßnahmen	eher reversibel	eher irreversibel
betroffene Elemente der Anpassungsmaßnahmen	Personal, Organisation	Personal, Organisation, Technik (Betriebsmittel), Produkte
Fristigkeit der Anpassungsmaßnahmen	kurzfristig	langerfristig
Kosten im aktuellen Anpassungsfall	sehr gering	eher hoch
prophylaktische Kosten vor Eintritt des aktuellen Anpassungsfalles	eher hoch	eher gering
Bezeichnung bei bestehendem System	Ist-Bestands-Flexibilität	Ist-Entwicklungs-Flexibilität
Bezeichnung bei zu planendem System	Soll-Bestands-Flexibilität	Soll-Entwicklungs-Flexibilität

Bild 4: Merkmale der Bestands- und Entwicklungs-
Flexibilität von Produktionssystemen

3.2 Analyse der Flexibilität eines Unternehmens

Die Erfüllung von Flexibilitätsanforderungen durch ein Unternehmen und seine Teilbereiche ist in Bild 5 schematisch dargestellt.

Bei der Analyse der Flexibilität eines Unternehmens als strategische Beurteilung sind grundsätzliche Management-Entscheidungen zur Festlegung der relevanten Flexibilitätsanforderungen an das Unternehmen sowie ihrer Erfüllung als Zielvorgabe für die verschiedenen Teilbereiche herbeizuführen (Bild 6).

Die Gefahr, daß aufgrund von Unklarheiten und Unsicherheiten falsche, zu wenig differenzierte oder aus Vorsicht zu weitgehende Zielvorgaben für die operationale Ebene festgelegt

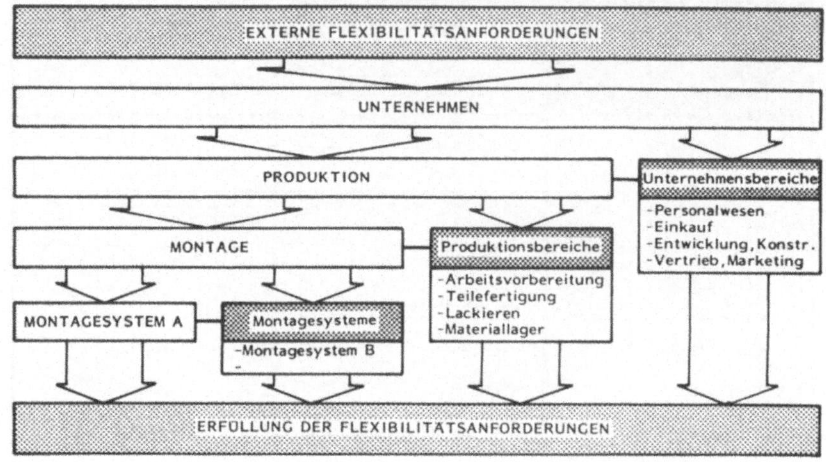

Bild 5: Erfüllung von Flexibilitätsanforderungen durch ein Unternehmen und seine Teilbereiche

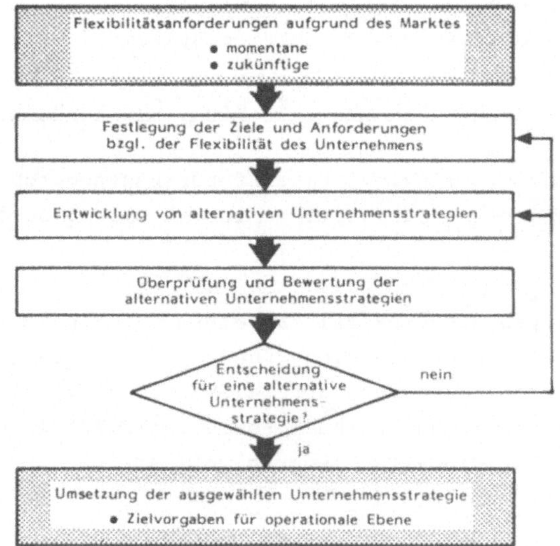

Bild 6: Strategische Beurteilung der Flexibilität eines Unternehmens

werden, darf nicht unterschätzt werden. Deshalb sind ausreichend detaillierte Kenntnisse über die momentane Unterneh-
menssituation sowie sorgfältige Prognosen über ihre Entwicklung erforderlich, insbesondere unter Berücksichtigung des
Absatz-, Beschaffungs- und Arbeitsmarktes sowie der technischen Innovationen, wobei die Wichtigkeit für das Unternehmen und die Eintrittswahrscheinlichkeiten abgeschätzt werden
müssen.

3.3 Analyse der Flexibilität der Produktion

Bei Untersuchungen der Flexibilität in der Produktion müssen
in der Regel mehrere Teilsysteme sowie mehrere Flexibilitätsanforderungen gleichzeitig berücksichtigt werden. Zur
Verdeutlichung der Komplexität solcher Flexibilitätsuntersuchungen wird in <u>Bild 7</u> die Analyse der Flexibilität für
ein relativ einfaches abstraktes Beispiel (max. 2 Teilsysteme, max. 2 Flexibilitätsanforderungsarten) dargestellt.

Da die Flexibilitätsanforderungen sehr vielfältiger Natur
sein können, ist eine Klassifizierung in Flexibilitätsanforderungsarten zweckmäßig. Eine <u>Flexibilitätsanforderungsart</u>
ist dabei eine Zusammenfassung gleicher oder ähnlicher Flexibilitätsanforderungen (z.B. schwankende Stückzahlausbringung), die hinsichtlich ihrer Größe oder Fristigkeit jedoch voneinander abweichen können.

Sollen bei einem Teilsystem der Produktion die Erfüllungsmöglichkeiten für nur eine Flexibilitätsanforderungsart untersucht werden (<u>Bild 7</u>: Fall 1), so sind hierfür alternative Anpassungsmaßnahmen unter Berücksichtigung der notwendigen Voraussetzungen abzuleiten.

Für die übrigen Fälle (<u>Bild 7</u>) kann, um die Komplexität der
Analysen zu reduzieren, in einem ersten Schritt jeweils analog Fall 1 vorgegangen werden, anschließend sind jedoch zusätzliche teilsysteminterne (Fall 2 und 4) sowie teilsystem-
übergreifende Abstimmungen (Fall 3 und 4) erforderlich.

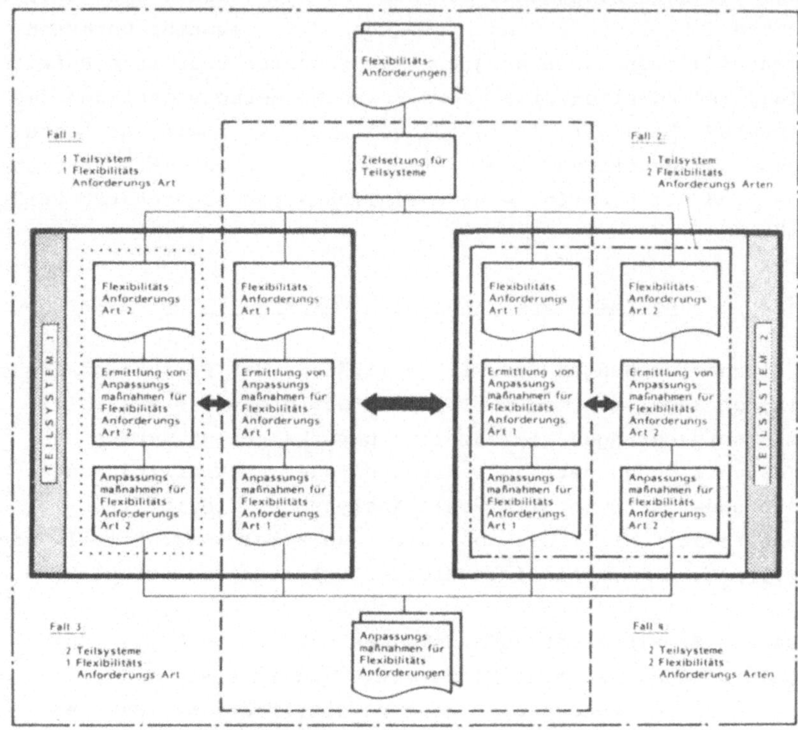

Bild 7: Analyse der Flexibilität der Produktion
(Beispiel: max. 2 Teilsysteme, 2 Flexibilitätsanforderungsarten)

3.4 Analyse der Flexibilität eines Teilsystems der Produktion

Die Analyse der Flexibilität von Teilsystemen der Produktion
soll im folgenden detaillierter betrachtet werden, da sich
aus ihr wesentliche Aussagen für die Flexibilität der Produktion ableiten, wie im Abschnitt 3.3 gezeigt wurde.

3.4.1 Zur Flexibilität eines Teilsystemes der Produktion

Die Zusammenhänge zwischen den Flexibilitätsanforderungen,
den Anpassungsmaßnahmen zu ihrer Erfüllung sowie den notwen-

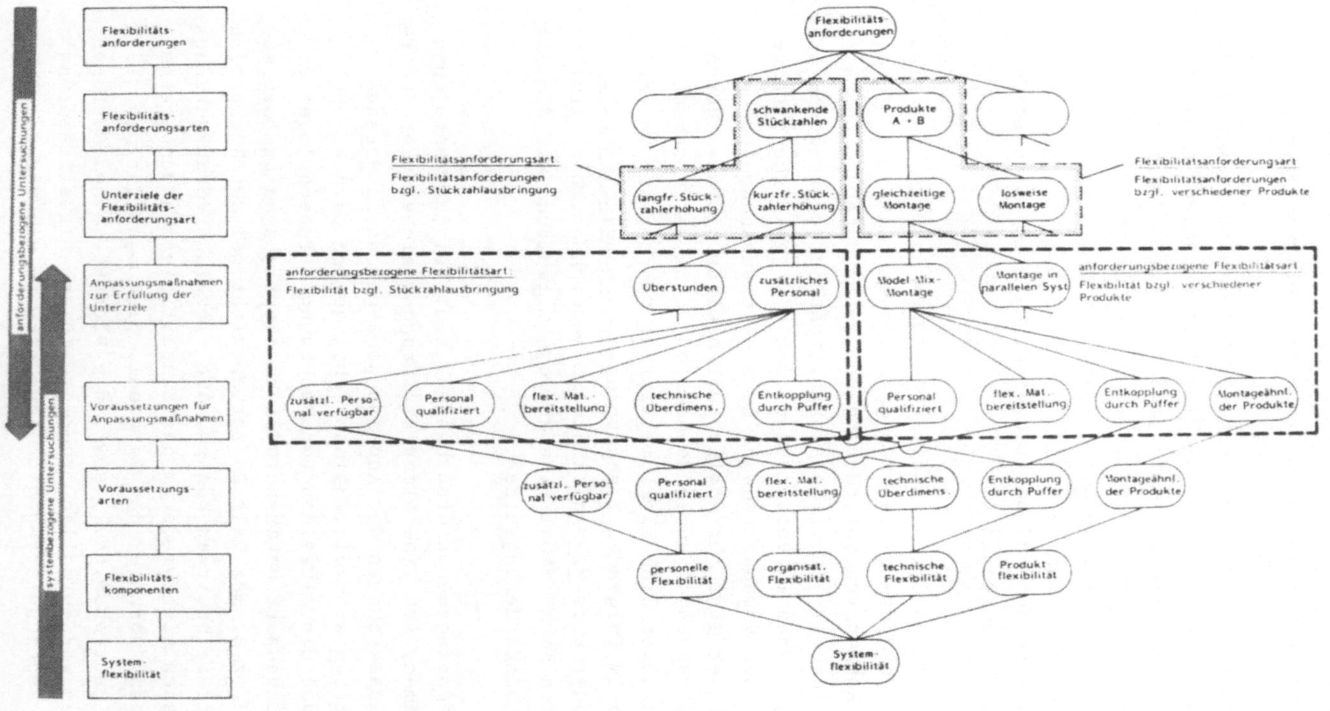

Bild 8: Zusammenhänge zwischen Flexibilitätsanforderungen, Anpassungsmaßnahmen zu ihrer Erfüllung sowie den notwendigen Voraussetzungen (Beispiel)

digen Voraussetzungen innerhalb eines Teilsystems der Produktion sind in **Bild 8** dargestellt. Die einzelnen Flexibilitätsanforderungen werden zweckmäßigerweise zu Flexibilitätsanforderungsarten (z.B. schwankende Stückzahlen) zusammengefaßt. Innerhalb einer Flexibilitätsanforderungsart kann eine Untergliederung in Unterziele (z.B. langfristige oder kurzfristige Stückzahlerhöhung) wiederum sinnvoll sein, um möglichst konkrete Ausssagen über die Flexibilitätsanforderungen zu erhalten und somit operationale Anpassungsmaßnahmen ableiten zu können.

Zur Durchführung der abgeleiteten Anpassungsmaßnahmen sind bestimmte Voraussetzungen zwingend notwendig, andere förderlich. Im Rahmen von anforderungsbezogenen Untersuchungen, d.h. die aktuell gestellte Flexibilitätsanforderung und ihre Erfüllung stehen im Vordergrund, ist die jeweilige direkte Zuordnung der Voraussetzungen zu den Anpassungsmaßnahmen sinnvoll. Der Grad der Möglichkeiten eines Systemes durch Anpassungsmaßnahmen unter Berücksichtigung der vorhandenen Voraussetzungen eine Flexibilitätsanforderungsart zu erfüllen, wird im folgenden als anforderungsbezogene Flexibilitätsart oder kurz Flexibilitätsart bezeichnet. Die Flexibilitätsarten haben dabei eine analoge Gliederung wie die Flexibilitätsanforderungsarten.

Für systembezogene Untersuchungen, z.B. bei der Gestaltung von Systemen, ist eine Klassifizierung gleicher oder ähnlicher Voraussetzungen der Anpassungsmaßnahmen zu Voraussetzungsarten sinnvoll. Es muß dabei jedoch berücksichtigt werden, daß die einzelnen Voraussetzungen innerhalb einer Voraussetzungsart unterschiedliche Ausprägungen und Größenordnungen (z.B. maximale Pufferkapazität bei der Entkopplung durch Puffer) besitzen können. Die einzelnen Voraussetzungsarten lassen sich wiederum zur Klassifizierung den Systemkomponenten, worunter das Personal, die Organisation, die Technik (Betriebsmittel) sowie die Produkte eines Systemes verstanden werden sollen, zuordnen. Diese Klassifizierung der Voraussetzungsarten gibt Auskunft, ob die Voraussetzun-

gen für Anpassungsmaßnahmen im Personal, in der Organisation, in der Technik oder in den Produkten begründet sind.
Im folgenden sollen diese Klassen der Voraussetzungsarten
als systembezogene Flexibilitätskomponenten (nicht zu ver-
wechseln mit den anforderungsbezogenen Flexibilitätsarten)
analog zu den Systemkomponenten bezeichnet werden. Durch Zusammenfassung der Flexibilitätskomponenten eines Systemes
(personelle, organisatorische, technische sowie Produkt-Flexibilität) ergibt sich die Systemflexibilität.

3.4.2 Zur Nutzung und Planung der Flexibilität eines Teilsystemes der Produktion

Bei der operationalen Beurteilung der Flexibilität von Teilsystemen der Produktion ist eine Unterscheidung in Nutzung
der Flexibilität und Planung der Flexibilität vorzunehmen
(Bild 9).

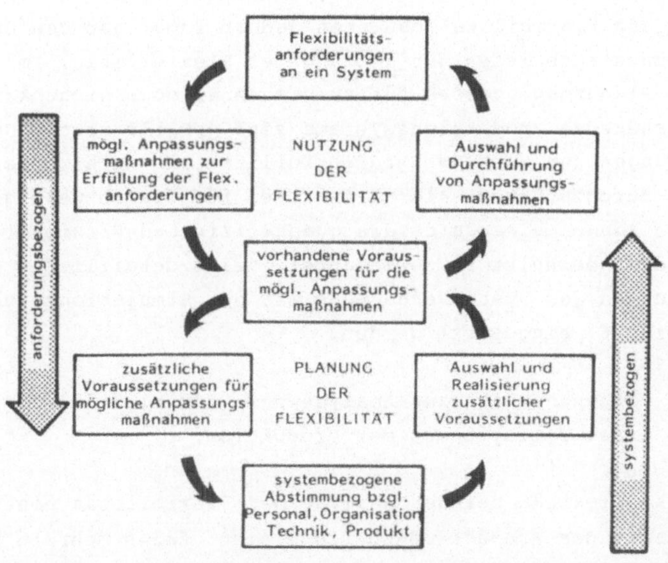

Bild 9: Nutzung und Planung der Flexibilität
eines Teilsystemes der Produktion

Während die Nutzung der Flexibilität anforderungsbezogen
ist, also die Erfüllung der jeweiligen konkreten Flexibilitätsanforderung durch das Verhalten des Produktionssystemes
im Vordergrund steht, ist die Planung der Flexibilität systembezogen zu sehen, indem außer der einen momentan konkret
bestehenden möglichst alle weiteren zukünftig auftretenden
Flexibilitätsanforderungen bei der Systemgestaltung berücksichtigt werden.

Bei der Nutzung der Entwicklungs-Flexibilität eines Teilsystemes der Produktion ist jedoch zu beachten, daß sich dadurch die Systemcharakteristik und somit gegebenenfalls auch
die Voraussetzungen für Anpassungsmaßnahmen im Rahmen der
Bestands-Flexibilität verändern können.

Die Untersuchungen zur Nutzung der Flexibilität können bei
einem bestehenden System mit Hilfe einer Produktionsanalyse
oder Ist-Zustandsanalyse auch unabhängig von der Planung der
Flexibilität durchgeführt werden, die Untersuchungen zur
Planung der Flexibilität basieren jedoch immer auf den Un-
tersuchungsergebnissen der Nutzung der Flexibilität. Im Rahmen des Planungsprozesses für zu planende, noch nicht konkret bestehende Produktionssysteme sind jeweils sowohl Untersuchungen zur Nutzung der Flexibilität als auch zu deren
Planung durchzuführen. Als Hilfsmittel für die notwendigen
Analysen können einerseits die quantifizierten Flexibilitätsgrade (Abschnitt 5) sowie andererseits detaillierte Untersuchungen des Systemverhaltens mit der Simulationstechnik
(Abschnitt 6) eingesetzt werden.

3.4.3 Vorgehensweise zur Analyse der Flexibilität
eines Teilsystemes der Produktion

Um die Komplexität bei der Analyse der Flexibilität eines
Teilsystems der Produktion zu reduzieren, falls mehrere Flexibilitätsanforderungsarten vorhanden sind, wird jede Flexibilitätsart (und somit auch jede Flexibilitätsanforderungsart, die analog definiert ist) in einem ersten Schritt ge-

sondert betrachtet. Anschließend sind jedoch diese Teiler-
gebnisse zusammenzufassen und miteinander abzustimmen.

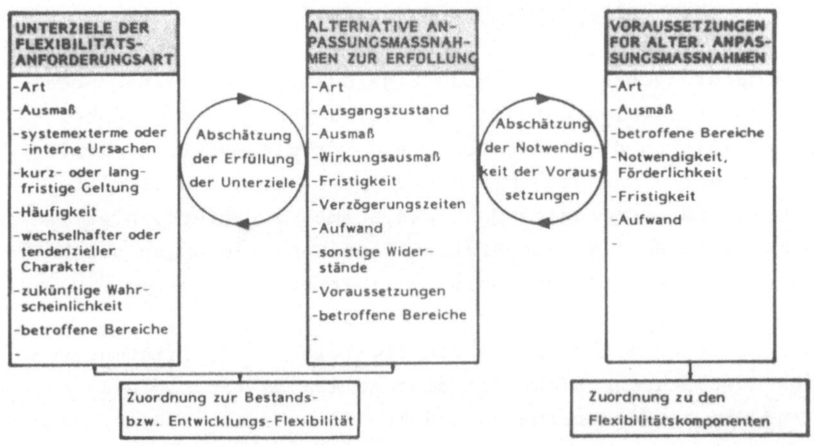

<u>Bild 10</u>: Vorgehen bei der Untersuchung einer Flexibilitätsart
eines Teilsystems der Produktion

Im <u>Bild 10</u> ist das Vorgehen bei der Untersuchung einer Flexibilitätsart eines Teilsystems der Produktion aufgeführt.
Die einzelne Flexibilitätsanforderungsart wird anhand von
Unterzielen und deren Beschreibungen festgelegt. Den Unterzielen werden anschließend alternative Anpassungsmaßnahmen
zu ihrer Erfüllung gegenübergestellt, wobei die Erfüllungsmöglichkeiten graduell abgeschätzt werden. Zusätzlich wird
aus den Unterzielen und den alternativen Anpassungsprozessen
eine Zuordnung zur Bestands- bzw. Entwicklungs-Flexibilität
abgeleitet. In einem weiteren Schritt wird die Notwendigkeit
bzw. Förderlichkeit von Voraussetzungen für die alternativen
Anpassungsmaßnahmen abgeschätzt. Eine detaillierte Beschreibung der Voraussetzungen sowie eine Zuordnung zu den verschiedenen Flexibilitätskomponenten analog zu den Systemkomponenten ist dabei insbesondere unter dem Blickwinkel der
Planung der Flexibilität erforderlich.

4 FLEXIBILITÄT VON PERSONALINTENSIVEN MONTAGESYSTEMEN BEI SERIENFERTIGUNG

4.1 Modell von flexiblen personalintensiven Montagesystemen bei Serienfertigung

Die nachfolgende übersichtsartige Beschreibung eines Modelles von flexiblen personalintensiven Montagesystemen bei Serienfertigung dient als Grundlage für die weiteren Flexibilitätsuntersuchungen. Mit Hilfe dieses Modelles wird die Komplexität von realen Montagesystemen reduziert. Dies ist notwendig, um z.B. die Vielzahl von Entscheidungen zur Nutzung der Flexibilität reproduzierbar zu beschreiben.

Die Struktur des Modelles von flexiblen personalintensiven Montagesystemen orientiert sich am Realsystem. In Bild 11 sind die zu beschreibeden Objekte dargestellt. Es ist jedoch nicht möglich, die einzelnen Objekte vollständig isoliert für sich zu betrachten, da vielfältige gegenseitige Beeinflussungen bestehen, die sich teils aus dem statischen Aufbau, teils aus dem dynamischen Montageablauf ergeben.

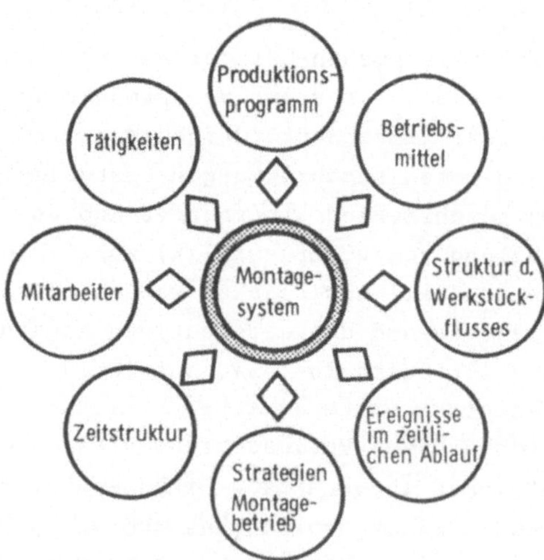

Bild 11: Objekte der Modellbeschreibung von flexiblen personalintensiven Montagesystemen bei Serienfertigung

Das Produktionsprogramm eines Montagesystemes kann aus verschiedenen Produkten, Typen oder Varianten mit unterschiedlichen Stückzahlen (Losgrößen) bestehen. Hinsichtlich der Reihenfolge verschiedener Produkte ist zu unterscheiden zwischen:

- Einprodukt-Montage,
- Modell-Mix-Montage,
- losweiser Montage.

Zu den Betriebsmitteln eines Montagesystemes sind alle technischen Einrichtungen zu zählen, die dem Montagefortschritt innerhalb der Grenzen eines Montagesystemes dienen, die also logisch und räumlich zusammenhängen:

- Arbeitsplätze (manuell) mit Werkzeugen, Vorrichtungen
  und Materialbehältern,
- Automatikstationen,
- Materialbereitstellungseinrichtungen, Transporteinrichtungen, Puffereinrichtungen, Werkstückträger.

Innerhalb von Montagesystemen bei Serienfertigung, die größtenteils aus Fließmontagen bestehen, bildet die Struktur des Werkstückflusses (Bild 12) die wichtigste Komponente hinsichtlich des Materialflusses. Über den Werkstückfluß in Richtung Montagefortschritt sind die einzelnen Arbeitsplätze miteinander verknüpft.

Innerhalb der Grenzen von personalintensiven Montagesystemen bei Serienfertigung sind verschiedenartige Funktionen, die im folgenden als Tätigkeiten bezeichnet werden, durch das Personal auszuführen. In Bild 13 sind die wichtigsten Tätigkeiten innerhalb eines Montagesystemes, die jedoch nicht in jedem Falle auftreten müssen, durch bestimmte Kriterien (trifft zu, trifft bedingt zu) beschrieben.

Die Mitarbeiter eines Montagesystemes stellen die personelle Kapazität dar. Die personelle Kapazität hängt zum einen von

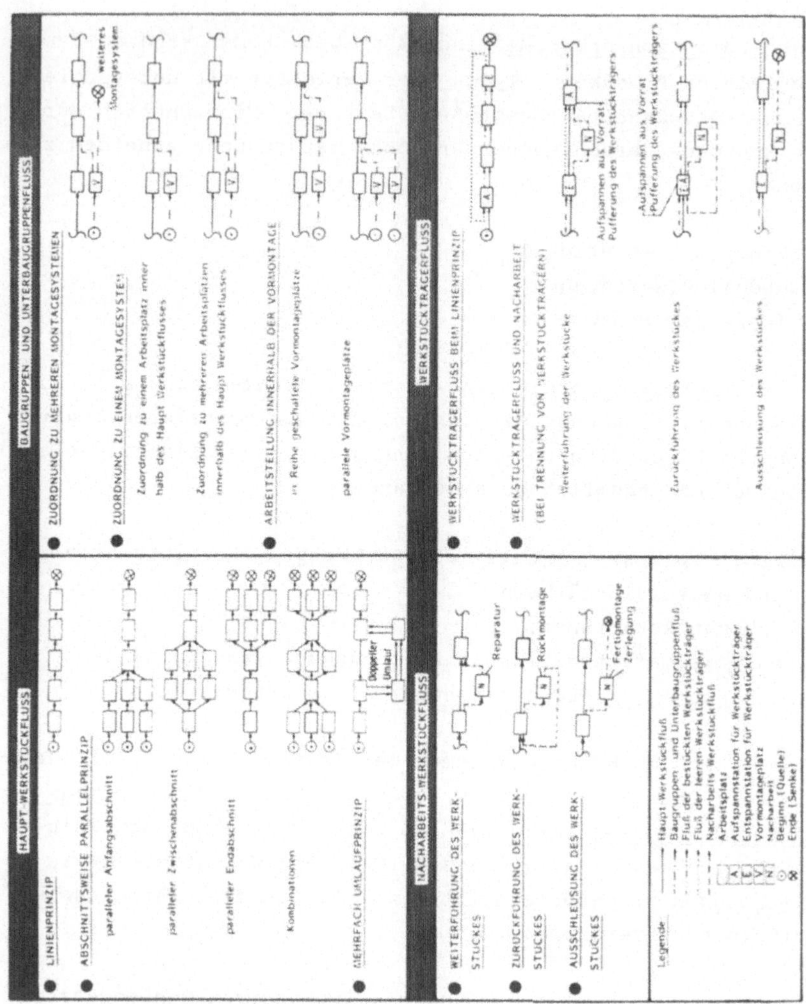

Bild 12: Struktur des Werkstückflusses

der Anzahl der im Montagesystem anwesenden Mitarbeiter, zum anderen von ihrer Qualifikation ab.

Mit Hilfe der Zeitstruktur können die zeitlichen Rahmenbedingungen der Abläufe in einem Montagesystem beschrieben werden. Entsprechend der Geltungsbereiche der Zeitstruktur kann eine Unterteilung vorgenommen werden bezüglich:

TÄTIGKEIT	Wirkung auf Montagefortschritt — direkt	indirekt	Ausführung bzgl. Werkstück — an jedem Werkstück	an einzelnen Werkstücken, nach Bedarf stichprobenartig	periodisch, pauschal für mehrere Werkstücke	nicht am Werkstück orientiert	Gebundenheit an produktiven Arbeitsplatz — gebunden	nicht gebunden	Zugehörigkeit zum Montagesystem — intern	extern	Qualifikationsanforderungen — gering	mittel	hoch
Montieren	●		●				●		●		●	○	
Justieren, Einstellen des Werkstückes	●		●				●		●			●	
Prüfen, Kontrollieren	●	○	●	○			●	○	●	○		●	
Nacharbeit, Reparatur	●			●			●		●			●	
Verpacken	●		●				●		●	○	●		
Springertätigkeit	●	○	●	○	○	○	●	○	●			○	●
Material bereitstellen, Transportieren		●	○		●		○		●	○	●		
Führungstätigkeit, dispositive Tätigkeit		●				●	○	○	●	○			●
Umrüstung, Einstellen der Betriebsmittel		●			○	●	●	○	○	●			●
Wartung, Instandhaltung		●			○	●	●	○	○	●			●
Unterweisen		●			○	●	●	○	○	●			●

Legende : ● trifft zu   ○ trifft bedingt zu

Bild 13: Beschreibung der Tätigkeiten innerhalb eines Montagesystemes

- Geltung für das gesamte Montagesystem,
- Geltung für einzelne Arbeitsplätze und Mitarbeiter.

Die Zeitstruktur des Montagsystemes wird u.a. durch _Ereignisse im zeitlichen Ablauf_ ergänzt. Ereignisse sind dabei im Sinne eines diskreten, ereignisorientierten Simulationsmodells zu verstehen (vgl. /49/). In diesem Sinne lassen sich Ereignisse folgendermaßen grob umschreiben:

- Der Systemzustand ändert sich nur zu genau definierten Zeitpunkten, den Ereigniszeitpunkten.
- Zwischen 2 direkt aufeinanderfolgenden Ereignissen ist das System konstant.
- Ereignisse besitzen keine zeitliche Dauer.
- Der Eintritt eines Ereignisses kann zufällig oder determiniert sein.

Die verschiedenen möglichen Strategien zum Betreiben eines
Montagesystemes hängen in starkem Maße ab von gegebenen
Freiräumen, aber auch von Restriktionen, die sich aus den
anderen beschriebenen Objekten des Modells eines Montagesystems ableiten lassen. Die Einbeziehung von Steuerungsstrategien, die zielorientierte, situationsabhängige Entscheidungen zur angepaßten Ablaufsteuerung von Systemen im Gegensatz zu starr festgelegten Abläufen bewirken können, in das
Modell flexibler Montagesysteme erlaubt erst die realitätsnahe Abbildung komplexer Systemabläufe.

4.2 Anforderungsbezogene Flexibilitätsarten der Montagesysteme

Um die Untersuchungen der Flexibilität von Montagesystemen
analog den anforderungsbezogenen Flexibilitätsarten (vgl.
Abschnitt 4.3.3) durchführen zu können, werden die wichtigsten Flexibilitätsarten für personalintensive Montagesysteme
bei Serienfertigung im Bild 14 aufgeführt. Diese Flexibilitätsarten haben sich in zahlreichen Forschungsprojekten
/3,4,5,6/, aber auch in eigenen Industrieberatungsprojekten
zur Planung von Montagesystemen als relevant herauskristal-
lisiert. Eine Analyse der Literatur (vgl. /3,4,5,6,11,16,37,
38,39,40,41/) bestätigte im wesentlichen diese Zusammenstel-
lung der Flexibilitätsarten.

Es muß jedoch bemerkt werden, daß in einigen Projekten zur
Planung von Montagesystemen nicht immer alle aufgeführten
Flexibilitätsarten gleichzeitig aufgrund der jeweiligen speziellen Situation von Interesse waren. Darüber hinaus wurde
den einzelnen Flexibilitätsarten teilweise eine unterschiedliche Bedeutung und Gewichtung zugemessen. Die Bezeichnung
und Abgrenzung der einzelnen Flexibilitätsarten war in einigen Fällen unterschiedlich.

Aufgrund ähnlicher Sachverhalte sollen im folgenden die
"Flexibilität bezüglich Produkte, Typen und Varianten" und
die "Flexibilität bezüglich neuer oder geänderter Produkte"

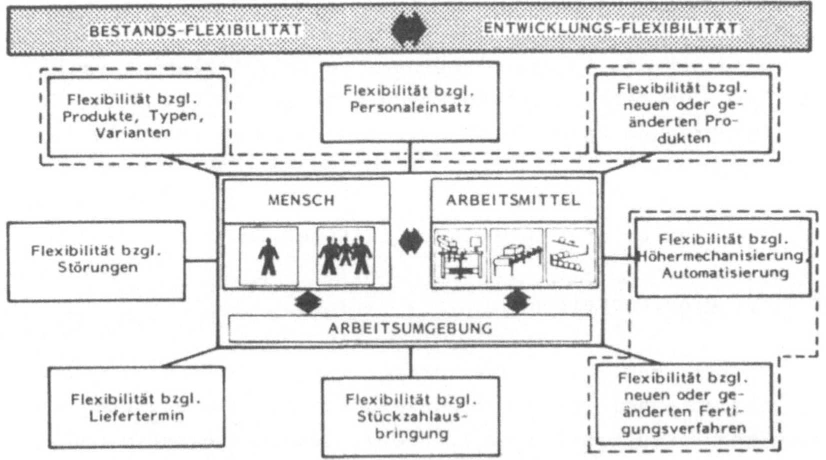

Bild 14: Anforderungsbezogene Flexibilitätsarten
in Montagesystemen

zum Oberbegriff "Flexibilität bezüglich Produkte, Typen und
Varianten" sowie die "Flexibilität bezüglich Höhermechanisierung, Automatisierung" und die "Flexibilität bezüglich
neuen oder geänderten Fertigungsverfahren" zum Oberbegriff
"Flexibilität bezüglich Betriebsmittel" zusammengefaßt werden. Darüber hinausgehende pauschale Zusammenfassungen von
Flexibilitätsarten würde die Aussagekraft reduzieren und ist
somit nicht sinnvoll, wobei jedoch keineswegs bestehende
Abhängigkeiten geleugnet werden sollen.

Die in **Bild 14** aufgeführten Flexibilitätsarten lassen sich
schwerpunktmäßig jeweils der Bestands- oder der Entwicklungs-Flexibilität zuordnen. Eine exakte Zuordnung ist jedoch nicht immer möglich, da fließende Übergänge vorhanden
sind. Insbesondere die Flexibilität bezüglich Personaleinsatz und die Flexibilität bezüglich Stückzahlausbringung
sind in Abhängigkeit der Fristigkeit und des möglichen An-
passungsaufwandes einerseits der Bestands-, andererseits der
Entwicklungs-Flexibilität zuzuordnen.

4.3 Untersuchung der einzelnen Flexibilitätsarten in Montagesystemen

Im folgenden sollen die einzelnen Flexibilitätsarten (<u>Bild 14</u>), die für personalintensive Montagesysteme bei Serienfertigung relevant sind, analog <u>Bild 10</u> näher untersucht werden.

4.3.1 Flexibilität bezüglich Liefertermin

4.3.1.1 Problemstellung

Der frühest mögliche Liefertermin eines Auftrages wird durch die kürzest mögliche Durchlaufzeit des Auftrages durch ein Unternehmen festgelegt (vgl. /50/). Zwischen einer grundsätzlichen Durchlaufzeitverkürzung für alle Aufträge und einer günstigen, möglichst längerfristigen guten Kapazitätsauslastung der beteiligten betrieblichen Abteilungen muß aus Kostengesichtspunkten ein Kompromiß gefunden werden, der sich in einer betriebsüblichen Durchlaufzeit für Aufträge niederschlägt.

Für bestimmte Aufträge muß jedoch aus Wettbewerbsgründen mit Hilfe der Flexibilität bezüglich Liefertermin gegenüber der betriebsüblichen Auftragsbearbeitung der Liefertermin vorgezogen oder bei Verzögerungen des bereits laufenden Auftrages die restliche Durchlaufzeit gekürzt werden können, um einen zugesagten Liefertermin einhalten zu können.

4.3.1.2 Auswirkungen des Planungstyps der Produktion auf die Flexibilität bezüglich Liefertermin

Unter dem Blickwinkel des Planungstyps der Produktion sind hinsichtlich der Flexibilität bezüglich Liefertermin die Größe der Lagerbestände und die Höhe der Flexibilität bezüglich Liefertermin in der Teilefertigung und Montage von besonderer Bedeutung (<u>Bild 15</u>).

Anforderungen bzgl. der Lagerbestände und der Flexibilität bzgl. Liefertermin	Planungstyp der Produktion		
	Lagerfertigung	Kombination aus Lagerfertigung und Kundenauftragsbezogener Fertigung	Kundenauftragsbezogene Fertigung
hohe Bestände im Rohteile-Lager	nein	nein	ja
große Flexibilität bzgl. Liefertermin in der Teilefertigung	nein	nein	ja
hohe Bestände im Teile-Lager	nein	ja	nein
hohe Bestände im Kaufteile-Lager	nein	ja	ja
große Flexibilität bzgl. Liefertermin in der Montage	nein	ja	ja
hohe Bestände im Fertigprodukte-Lager	ja	nein	nein

Bild 15: Flexibilität bezüglich Liefertermin des Unternehmens und Planungstyp der Produktion

In jüngster Zeit verstärkt sich der Trend der Abwendung von der Lagerfertigung sowie der kundenauftragsbezogenen Fertigung unter Hinwendung zu einer Kombination aus Lagerfertigung für die Teilefertigung und kundenauftragsbezogene Fertigung für die Montage. Betriebe, die in der Vergangenheit eine Lagerfertigung hatten, müssen verstärkt spezielle Kundenwünsche berücksichtigen. Die Anzahl der Produkttypen sowie die Anzahl der Produktanläufe nehmen zu, die durchschnittliche Stückzahl pro Typ nimmt dagegen ab. Durch die Bestände im Fertigprodukte-Lager bei vertretbarem Aufwand für die Kapitalbindung sind die Kundenwünsche nicht mehr in ausreichendem Maße zufriedenzustellen. Auf der anderen Seite sind Betriebe, die ihre Produkte bisher kundenauftragsbezogen fertigten, aufgrund des Konkurrenzdruckes zu einer kostengünstigeren und schnelleren Produktion gezwungen.

Für eine solche Kombination aus Lagerfertigung und kundenauftragsbezogener Fertigung sind die Bestände im Rohteile-Lager und im Fertigprodukte-Lager gering (Bild 15). Die Anforderungen an die Flexibilität bezüglich Liefertermin in

der Teilefertigung sind ebenfalls relativ gering. Hoch sind
jedoch die Bestände im Teile-Lager und im Kaufteile-Lager
sowie die Anforderungen hinsichtlich der Flexibilität bezüglich Liefertermin in der Montage.

4.3.1.3 Beschreibung der Flexibilität bezüglich Liefertermin

Bei einer vorhandenen abgestimmten Auftragsabwicklungsorga-
nisation kann die Montage als letzte Stufe des Produktionsprozesses einen wichtigen Beitrag bei der Verkürzung der
Durchlaufzeit für einen speziellen Auftrag leisten, dessen
Liefertermin gegenüber einer betriebsüblichen Auftragsab-
wicklung vorgezogen oder dessen restliche Bearbeitungszeit
aufgrund vorausgehender Verzögerungen verkürzt werden muß.

In __Bild 16__ wird eine Übersicht über die Flexibilität bezüglich Liefertermin in Montagesystemen gegeben.

Um im konkreten Fall der betrieblichen Praxis operationale
Aussagen ableiten zu können, sind für die Flexibilität bezüglich Liefertermin speziell folgende Fragen zu beantworten:

- Um welche Zeitspanne müssen die Durchlaufzeiten von Auf-
  trägen gegenüber der betriebsüblichen Bearbeitung reduziert werden (Maximum, Streuung)?
- Welche Zeitspannen zur Verkürzung der Durchlaufzeiten lassen sich mit Hilfe von alternativen Anpassungsmaßnahmen
  erzielen (Maximum, Streuung)?

Teilweise kann eine Beschreibung der möglichen Verkürzungen
der Durchlaufzeiten auch indirekt durchgeführt weden:

- Welche Kapazitätserhöhungen sind möglich (Maximum, Abstufungen)?

Zur Beurteilung und Auswahl der alternativen Anpassungsmaßnahmen sind zusätzlich die entstehenden Kosten zu berücksichtigen:

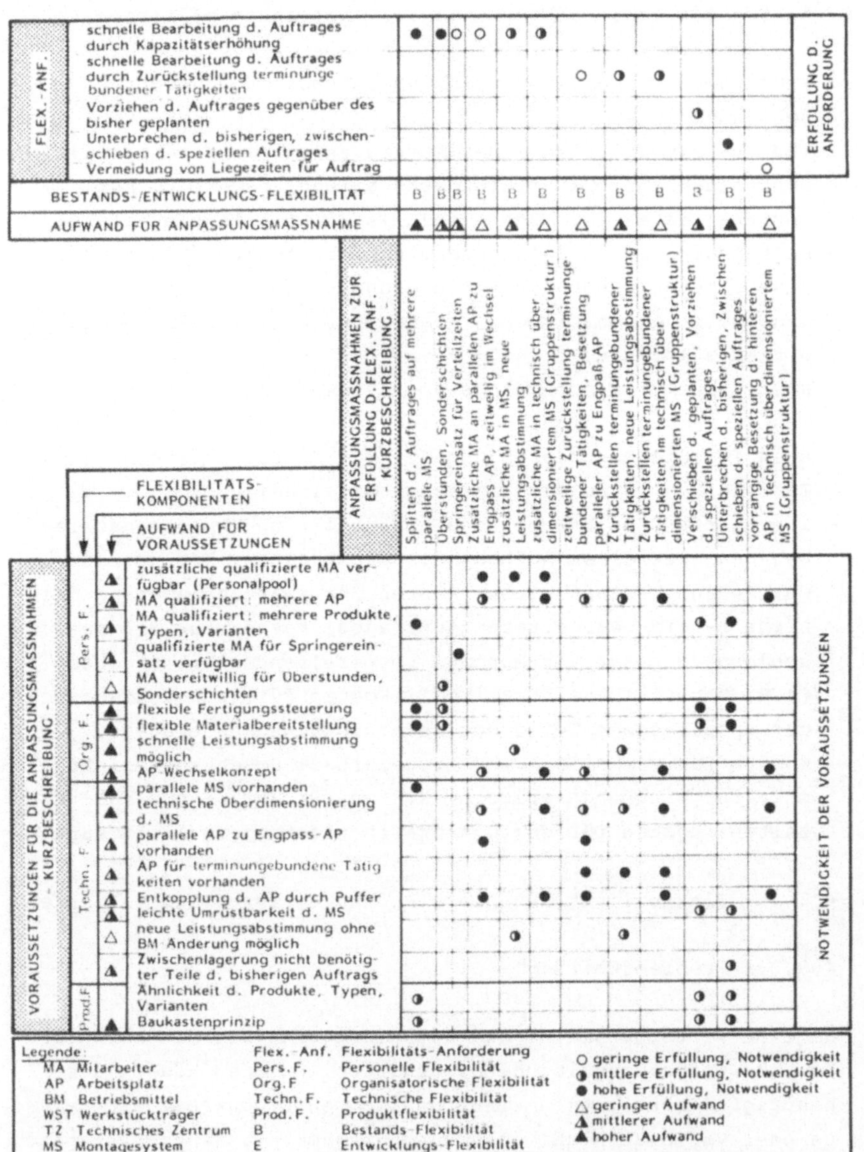

Bild 16: Übersicht über die Flexibilität bezüglich Liefertermin in einem Montagesystem

- Kosten für Kapazitätserhöhungen: Umsetzkosten; Kosten für
  Einübungsverluste; Einlernkosten; Kosten für neue Lei-
  stungsabstimmung; Kosten für Überstunden und Sonderschichten.
- Kosten beim Splitten eines Auftrages auf mehrere parallele
  Montagesysteme: Materialbereitstellungskosten; Umrüst-
  kosten; Kosten für gegebenenfalls nicht optimale Abläufe.
- Kosten für Zurückstellen terminungebundener Tätigkeiten:
  Umsetzkosten; Kosten für Einübungsverluste; Kosten für
  neue Leistungsabstimmung; Kosten für gegebenenfalls nicht
  optimale Abläufe.
- Kosten für Vorziehen eines speziellen Auftrages: Umrüstkosten aufgrund nicht optimaler Auftragsreihenfolge; Kosten für die Beschleunigung der die Montage vorbereitenden
  Tätigkeiten (z.B. Materialbereitstellung).
- Kosten für Unterbrechen des bisherigen und Zwischenschie-
  ben des speziellen Auftrages: Umrüstkosten; Kosten für
  Warte- und Verlustzeiten; Kosten für Zwischenlagerung des
  nicht fertig bearbeiteten Auftrages; Kosten für die Beschleunigung der die Montage vorbereitenden Tätigkeiten
  (z.B. Materialbereitstellung); Kosten für Zwischenlagerung
  der spezifischen Teile des unterbrochenen Auftrages.
- Kosten für Vermeidung von Liegezeiten: Umsetzkosten; Kosten für Einübungsverluste; Kosten für Warte- und Verlustzeiten; Kosten für gegebenenfalls nicht optimale Abläufe.

4.3.2   Flexibilität bezüglich Produkte, Typen und Varianten

4.3.2.1 Problemstellung

Um eine wirtschaftliche und technisch sinnvoll dimensionier-
te Arbeitssystemauslegung zu erhalten, reichen häufig die
benötigten Stückzahlen eines bestimmten Produktes, einer Ty-
pe oder Variante nicht aus. Durch Zusammenfassen der Montage
verschiedener Produkte, Typen und Varianten in einem Montagesystem lassen sich erheblich höhere Stückzahlen erreichen.
Darüber hinaus kann zwischen den verschiedenen Produkten,

Typen und Varianten ein interner Kapazitätsausgleich entsprechend der Nachfrage vorgenommen werden.

Falls mehrere Montagesysteme vorhanden sind und sie zumindest teilweise eine Überdeckung (Redundanz) der zu fertigenden Produkte, Typen und Varianten besitzen, können sie einander als Reservekapazität dienen (z.B. bei Störungen, Nachfrageschwankungen). Außerdem ist zwischen ihnen ein arbeitssystemübergreifender Kapazitätsausgleich möglich.

Unter längerfristigen Aspekten können während des Betreibens von Montagesystemen aufgrund von Marktforderungen (z.B. Kundenwünschen) oder betrieblichen Zielsetzungen (z.B. Rationalisierungsmaßnahmen) vorhandene Produkte modifiziert oder neue Produkte entwickelt werden, die ebenfalls in dem bestehenden Montagesystem gefertigt werden sollen.

4.3.2.2 Beschreibung der Flexibilität bezüglich Produkte,
        Typen und Varianten

Mit Hilfe der Flexibilität bezüglich Produkte, Typen und Varianten soll einerseits im Rahmen der Bestands-Flexibilität erreicht werden, daß kurzfristig in einem Montagesystem verschiedene Produkte, Typen und Varianten gefertigt, andererseits im Rahmen der Entwicklungs-Flexibilität längerfristig neue oder geänderte Produkte nachträglich auf ein bestehendes Montagesystem übertragen werden können, wobei der notwendige Änderungsaufwand möglichst gering sein soll.

Im __Bild 17__ wird eine Übersicht über die Zusammenhänge hinsichtlich der Flexibilität bezüglich Produkte, Typen und Varianten gegeben.

Die kurzfristigen Flexibilitätsanforderungen können aufgrund des vergangenen, des momentanen sowie des kurzfristig geplanten, zukünftigen Produktionsprogrammes in der Regel relativ genau, z.B. durch die Anzahl der verschiedenen Produkte, Typen und Varianten, durch ihren unterschiedlichen Pro-

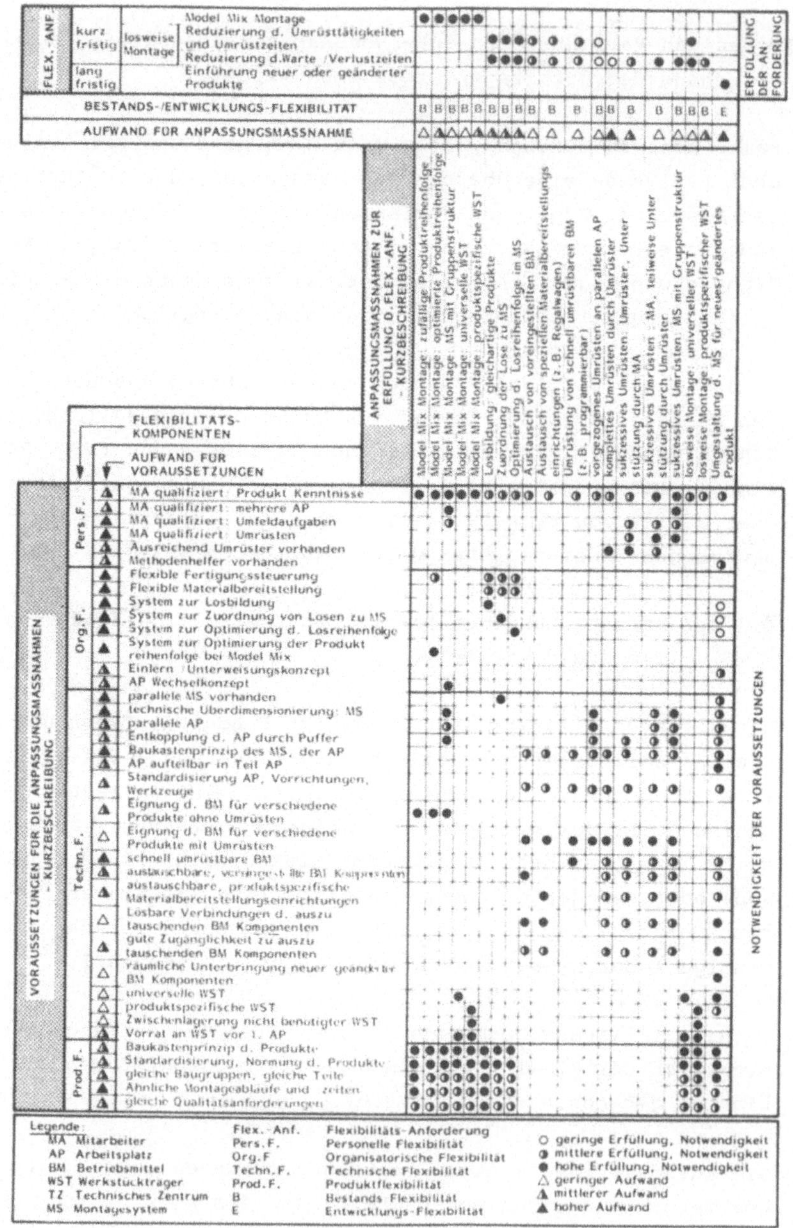

Bild 17: Übersicht über die Flexibilität bezüglich Produkten, Typen und Varianten in einem Montagesystem

duktaufbau, durch ihre jeweiligen Stückzahlen und ihre Losgrößen, beschrieben werden.

Die längerfristigen Flexibilitätsanforderungen sind dagegen
nur schwer abschätzbar. Durch eine aufwendige, kontinuierli-
che Marktforschung und eine sorgfältige, längerfristige Pro-
duktplanung eines Unternehmens können jedoch ungefähr ab-
schätzende Angaben gemacht werden:

- ob tatsächlich für die Zukunft die Einführung neuer oder
  geänderter Produkte nachträglich in bestehenden
  Montagesystemen geplant ist,
- zu welchem Zeitpunkt ihre Einführung vorgesehen ist,
- um wieviele und welche Produkte es sich handelt,
- in welcher Größenordnung sich ihre geplanten Stückzahlen
  bewegen,
- wie diese Produkte näher zu definieren sind,
- inwieweit sie sich von den bisherigen Produkten unterscheiden.

Die Anpassungsmaßnahmen lassen sich in analoger Weise wie
die Flexibilitätsanforderungen beschreiben. Zusätzlich sind
noch folgende Punkte zu beachten:

- Umrüstdauer bei Loswechsel,
- Einführungszeiten für neue oder geänderte Produkte,
- Kosten für Model-Mix-Montage: Kosten für Model-Mix-Ver-
  luste; Kosten für Leistungsabstimmungsverluste; Umsetz-
  kosten
- Kosten für losweise Montage: Umrüstkosten; Kosten für War-
  te- und Verlustzeiten,
- Kosten für nachträgliche Einführung neuer oder geänderter
  Produkte: Kosten für Betriebsmitteländerungen; Kosten für
  organisatorische Änderungen; Kosten für Qualifikation,
- Schwierigkeiten bei der technischen Änderung der Betriebsmittel für neue oder geänderte Produkte.

Für die Anpassungsmaßnahmen stellen die organisatorischen
Voraussetzungen (organisatorische Flexibilität) einen
Schwerpunkt dar. Sie werden im wesentlichen durch die Fertigungssteuerung sowie die Materialbereitstellung und das La-
gerwesen beeinflußt. Als Hilfestellung für die Aufgaben der
Fertigungssteuerung sind insbesondere folgende Voraussetzungen zu nennen, wobei rechnerunterstützte Methoden vor-
teilhaft sein können:

- System zur Losbildung: Zusammenfassung ähnlicher Produkte,
  Typen und Varianten zu Losen, die im Model-Mix montiert
  werden können, ohne daß Umrüsten erforderlich wird, wobei
  die Model-Mix-Verluste gering sein sollen.
- System zur Zuordnung von Losen zu Montagesystemen:
  Zuordnung der Lose und Aufträge zu den verschiedenen
  Montagesystemen, so daß eine möglichst kostengünstige
  Kapazitätsauslastung bei gleichzeitig möglichst kurzen
  Durchlaufzeiten erreicht wird.
- System zur Optimierung der Reihenfolge der Lose und Auf-
  träge: Reihenfolgebestimmung der Lose und Aufträge, so daß
  das Umrüsten bei Loswechsel möglichst minimiert wird.
- System zur Optimierung der Produktreihenfolge bei Model-
  Mix: Festlegung der Produktreihenfolge bei Model-Mix, so
  daß sich die Model-Mix-Verluste des gesamten Montagesystemes minimieren (Ausgleich unterschiedlicher Bearbeitungs-
  zeiten der verschiedenen Produkte an den Arbeitsplätzen).

4.3.3   Flexibilität bezüglich Störungen

4.3.3.1 Problemstellung

Störungen sind nach REFA /51/ Ereignisse, die unerwartet
eintreten und eine Unterbrechung oder zumindest Verzögerung
der Aufgabendurchführung zur Folge haben. Sie bewirken eine
wesentliche Abweichung der Ist- von den Soll-Daten. Die Störungen von Arbeitssystemen in der Produktion werden im wesentlichen verursacht durch (vgl. /51/):

o <u>Information</u>: erforderliche Informationen sind fehlerhaft,
  unvollständig oder fehlen gänzlich (z.B. Zeichnungen, Ar-
  beitspapiere)

o <u>Betriebsmittel</u>: erforderliche Betriebsmittel sind defekt
  (z.B. aufgrund von Mängeln in der Betriebsmittelpflege
  oder einer Auslastung oberhalb des Leistungsvermögens)
  oder nicht vorhanden (z.B. aufgrund einer mangelhaften
  Planung der Wekzeugwechsel und der Bereitstellung von
  Werkzeugen, Vorrichtungen und Meßgeräten).

o <u>Material</u>: das erforderliche Material fehlt (z.B. wegen
  mangelhafter Beschaffung, Transport), ist mangelhaft (z.B.
  technische Mängel) oder ungeeignet (z.B. falsches Material
  aufgrund einer Verwechslung).

o <u>Personal</u>: die Arbeitsaufgabe wird nicht (z.B. infolge Ab-
  wesenheit), verzögert (z.B. aufgrund des Einlernens) oder
  fehlerhaft ausgeführt (z.B. aufgrund mangelnder Sorgfalt
  oder unzureichender Unterweisung).

4.3.3.2 Maßnahmen zur Vermeidung von Störungen

Störungen können in allen Bereichen eines Unternehmens auftreten. Die Vermeidung von Störungen und somit auch ihren
Auswirkungen läßt sich in der betrieblichen Praxis niemals
vollständig verwirklichen, ist aber eine ständige Unterneh-
menszielsetzung. Maßnahmen zur Erfüllung dieser Zielsetzung
sind jedoch nicht den Anpassungsmaßnahmen zur Nutzung der
Flexibilität bezüglich Störungen zuzurechnen.

Im folgenden werden einige Maßnahmen zur Vermeidung von Störungen aufgezeigt:

o <u>Information</u>: Festlegung der Informationsstellen (Sender,
  Empfänger); geeignete Informationsträger (EDV, Listen,
  Formulare); zweckmäßige Datenverdichtung; Termingerüst.

o <u>Betriebsmittel</u>: vorbeugende Instandhaltung; termingerech-
  te Wartung; Planung des Werkzeugwechsels; Planung der
  Verfügbarkeit von Werkzeugen, Vorrichtungen und Meßgeräten; angemessene Auslastung der Betriebsmittel (keine

Überlastungen); sachgerechte Bedienung; sorgfältige Unterweisung des Personals.

o <u>Material</u>: frühzeitige Disposition von kritischen Kauf- und Eigenfertigungsteilen; Rückmeldesystem für Verzögerungen bei Kauf- und Eigenfertigungsteilen; sorgfältige Kontrolle der Kaufteile durch Wareneingang; sorgfältige Kontrolle der Eigenfertigungsteile vor Zwischenlagerung; Auftragserteilung erst bei vollständiger Verfügbarkeit aller benötigten Teile; qualifiziertes Lager- und Transportpersonal; eindeutige Kennzeichnung von Teilen; übersichtliche Materialbereitstellung in den Montagesystemen.

o <u>Personal</u>: Einsatz von verantwortlichem motiviertem Personal; Einsatz von qualifiziertem Personal; Schaffung geeigneter Einlernarbeitsplätze; Einsatz geeigneter Unterweisungsmethoden; gute Personalführung; gerechte Entlohnung; Personaleinsatzplanung.

4.3.3.3 Beschreibung der Flexibilität bezüglich Störungen

Mit Hilfe der installierten Flexibilität bezüglich Störungen soll es erleichtert werden, in einem aktuellen Fall bei auftretenden Störungen ihre Auswirkungen zu minimieren. Dazu ist es erforderlich, daß einerseits Störungen schnell behoben, andererseits ihre Auswirkungen auf andere Arbeitsstationen begrenzt werden.

In <u>Bild 18</u> wird eine Übersicht über die Zusammenhänge hinsichtlich der Flexibilität bezüglich Störungen in einem Montagesystem gegeben.

Zur quantifizierenden Beschreibung der Flexibilitätsanforderungen können dienen:

- Art und Umfang der Störungen, Störungshäufigkeit,
- durchschnittliche Störungsdauern und ihre Streuungen,
- akzeptierbare Dauer der Störungsbehebungen,
- erforderliche, überbrückbare Zeitspannen, in der sich Störungen nicht auf andere Arbeitsstationen auswirken.

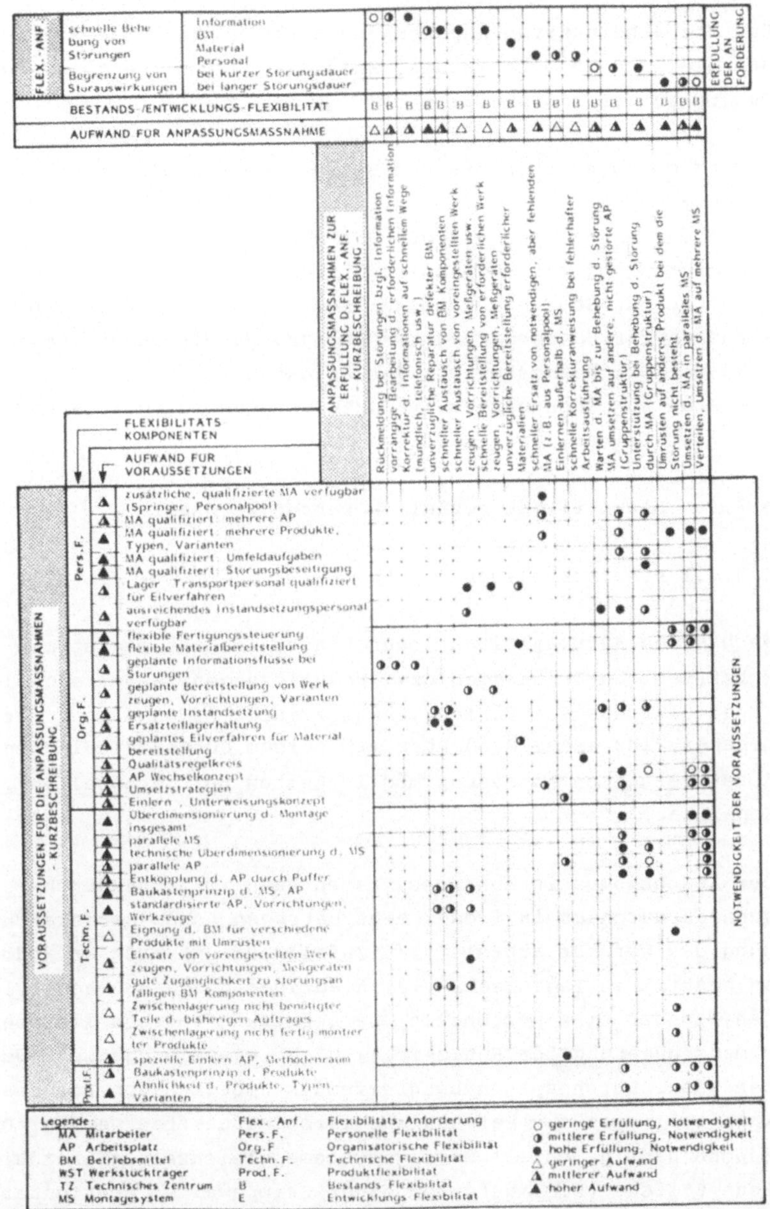

Bild 18: Übersicht über die Flexibilität bezüglich Störungen in einem Montagesystem

Für die alternativen Anpassungsmaßnahmen kann eine analoge
Beschreibung gegeben werden. Zusätzlich sind die folgenden
Punkte zu berücksichtigen:

- Verzögerungszeiten bis zum Beginn der Behebung einer Stö-
  rung,
- Verzögerungszeiten bis zur Wirksamkeit der Maßnahmen zur
  Überbrückung der Störungsauswirkungen,
- Kosten für Störungsbehebung: Kosten für Instandsetzung,
- Kosten für Überbrückung von Störungsauswirkungen: Umsetz-
  kosten; Einübungskosten; Umrüstkosten
- Kosten für Störungsauswirkungen: Kosten für Warte- und
  Verlustzeiten; Umsetzkosten.

4.3.4   Flexibilität bezüglich Personaleinsatz

4.3.4.1 Problemstellung

Wechselnde Auftragssituationen können in Montagesystemen zu
kurzfristigen Erhöhungen bzw. Reduzierungen des personellen
Kapazitätsbedarfes führen. Längerfristig bedingt auch der
Lebenszyklus eines Produktes mit seinem unterschiedlichen
Absatzverhalten Anpassungsmöglichkeiten der personellen
Kapazität.

Der Absentismus in Montagesystemen kann im Jahresdurch-
schnitt durchaus 18 % oder mehr betragen (ohne Berücksichtigung des Werksurlaubes) /52/. Zufallsbedingt kann er jedoch
an bestimmten Tagen sehr viel niedriger oder auch höher liegen, so daß eine personelle Überbesetzung (personelle Überdimensionierung für Fehlzeiten) nicht exakt eingeplant werden kann. Durch systemübergreifendes Umsetzen von Personal
kann teilweise ein Personalausgleich geschaffen werden. Da
jedoch häufig mehrere Montagesysteme gleichzeitig überdurch-
schnittliche (z.B. aufgrund einer Grippewelle) oder unter-
durchschnittliche Fehlzeiten haben, sollten zumindest einige Montagesysteme auch bei Unterbesetzung einen reibungs-
losen Arbeitsablauf gewährleisten.

Aufgrund von Fehlzeiten, verbunden mit innerbetrieblichem
Umsetzen des Personals, sowie der Fluktuation sollten die
Arbeitspersonen teilweise mehr als einen Arbeitsplatz be-
herrschen. Je höher die Mitarbeiter qualifiziert sind, umso
leichter sind Umsetzmaßnahmen möglich. Die Qualifikation
dieser Mitarbeiter sollte sich dabei nicht nur auf die direkt produktiven Tätigkeiten (z.B. Montagetätigkeiten), sondern auch auf die notwendigen Umfeldaufgaben beziehen.
Derart qualifizierte Mitarbeiter stellen längerfristig ein
Reservoir dar, aus dem der betriebliche Nachwuchs für Füh-
rungskräfte herangebildet werden kann. Eine höhere Qualifikation ist in der Regel mit einer höheren Entlohnung für den
Mitarbeiter und somit mit höheren Lohnkosten für den Betrieb
verbunden, die jedoch als wesentlicher Anreiz zur Höherqualifizierung für den Mitarbeiter anzusehen sind.

Nach einer Studie in einem Industriebetrieb mit Fließbandar-
beit /53/ schieden von den neu eingestellten Mitarbeitern im
ersten Jahr 50 % und im zweiten Jahr nochmals 25 % wieder
aus. Aufgrund so hoher Fluktuationsraten müssen Montagesysteme einlerngerecht gestaltet sein, um das Einlernen neuer
Mitarbeiter zu erleichtern.

Um den Interessen der Menschen gerecht zu werden, müssen
Montagesysteme zukünftig den Mitarbeitern einen größeren Tä-
tigkeits- und Handlungsspielraum erlauben /5,6,16,52/, um
einerseits dem Mitarbeiter wechselnde Tätigkeiten, andererseits Tätigkeiten mit höheren Qualifikationsanforderungen
anbieten zu können.

4.3.4.2 Beschreibung der Flexibilität bezüglich
        Personaleinsatz

Mit Hilfe der Flexibilität bezüglich Personaleinsatz soll
eine quantitative und qualitative (z.B. bezüglich Höherqualifizierung, Tätigkeits- und Handlungsspielraum) Anpassung des Personaleinsatzes in einem Montagesystem an geänderte Anforderungen ermöglicht werden.

In **Bild 19** wird eine Übersicht über die Zusammenhänge hinsichtlich der Flexibilität bezüglich Personaleinsatz in einem Montagesystem gegeben.

Für eine quantifizierte Beschreibung der Flexibilitätsanforderungen sind zu ermitteln:

- Personelle Kapazitätsanpassungen: erforderliche maximale personelle Kapazitätserhöhungen bzw. -reduzierungen; erforderliche Abstufungen der personellen Kapazitätsanpassungen; Zeitrahmen für personelle Kapazitätsanpassungen; Häufigkeit von personellen Kapazitätsanpassungen,
- Funktionsfähigkeit des Montagesystemes bei Unterbesetzung: die erforderliche minimale und maximale personelle Besetzung; weitere erforderliche Abstufungen bezüglich der personellen Besetzung; Häufigkeit der erforderlichen Änderungen der personellen Besetzung,
- Einlernfreundlichkeit des Montagesystemes: die maximal erforderlichen Einlernvorgänge, die gleichzeitig pro Periode anfallen; die Schwierigkeiten der Einlernvorgänge; die Dauer der einzelnen Einlernvorgänge,
- Tätigkeits- und Handlungsspielräume: erforderliche Beherrschung von mehreren Arbeitsplätzen durch mehrere Mitarbeiter gleichzeitig (Anzahl der zu beherrschenden Arbeitsplätze, Schwierigkeitsgrade der zu beherrschenden Arbeitsplätze, erforderliche Anzahl der Mitarbeiter); erforderliche Beherrschung von Umfeldaufgaben (Art und Umfang der zu beherrschenden Umfeldaufgaben, erforderliche Anzahl der Mitarbeiter).

Die erforderliche Höherqualifizierung und die Personalentwicklung lassen sich analog zu dem Tätigkeits- und Handlungsspielraum beschreiben, wobei jedoch der längerfristige Zukunftsaspekt sowie der erforderliche Nachwuchs für Vorgesetztenfunktionen im Werkstattbereich stärker zu berücksichtigen sind.

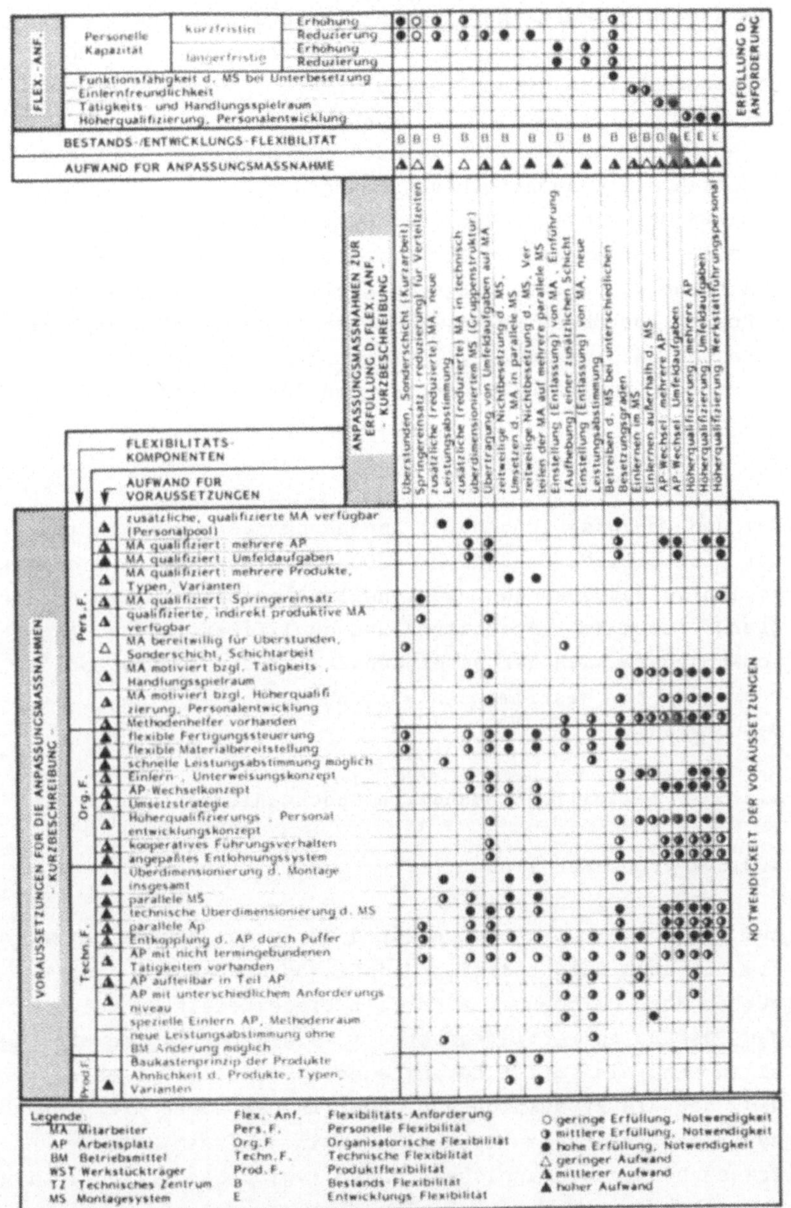

Bild 19: Übersicht über die Flexibilität bezüglich Personaleinsatz in einem Montagesystem

Die Anpassungsmaßnahmen lassen sich analog zu den Flexibilitätsanforderungen beschreiben. Zusätzlich können jedoch
folgende Angaben gemacht werden:

- Verzögerungszeiten der Kapazitätsänderungen; Verzögerungs-
  zeiten für geänderte Besetzungsgrade,
- Dauer der Einlern- und Qualifizierungsprozesse,
- Umsetzkosten; Kosten für Arbeitsplatzwechsel; Kosten für
  Aufgabenwechsel (Montagetätigkeiten, Umfeldaufgaben),
- Kosten für Überstunden, Sonderschichten, Schichtarbeit;
  Kosten für Kurzarbeit,
- Kosten für Einstellungen; Kosten für Entlassungen,
- Kosten für Warte- und Verlustzeiten,
- Kosten für neue Leistungsabstimmungen.

Bei den Voraussetzungen für Anpassungsmaßnahmen hinsichtlich
der Flexibilität bezüglich Personaleinsatz stehen die personellen Voraussetzungen (personelle Flexibilität) im Vordergrund. Neben den kapazitiven und qualifikatorischen Aspekten
kommt jedoch auch der Bereitschaft und der Motivation des
Personals für bestimmte Anpasssungsmaßnahmen eine große Bedeutung zu.

4.3.5   Flexibilität bezüglich Stückzahlausbringung

4.3.5.1 Problemstellung

Auf dem Absatzmarkt treten für Unternehmen sowohl kurzfristig wie auch längerfristig Nachfrageschwankungen nach Produkten auf. Um dennoch jederzeit lieferbereit zu sein, ohne
den Bestand an Fertigprodukten in einem Fertigprodukte-Lager
allzu sehr als Puffer heranziehen zu müssen, ist es notwendig, daß die Produktion und dabei insbesondere die Montagesysteme ihre Stückzahlausbringung in gewissem Maße den Nachfrageschwankungen anpassen können (vgl. Abschnitte 4.3.1 und
4.3.4).

Die Ausbringung eines Montagesystemes bei Serienfertigung
ergibt sich in erster Näherung aus der quantitativen Kapazität der Betriebsmittel und Mitarbeiter /54/. Bei festgeleg-
ter Stückzeit je Produkt entsprechend der Vorgabezeit hat
also die Anpassung der Ausbringung eines Montagesystemes
durch eine Kapazitätsanpassung zu erfolgen, wobei jedoch der
Leistungsgrad der Mitarbeiter sowie der technische Nutzungs-
grad der Betriebsmittel zu berücksichtigen sind.

4.3.5.2 Beschreibung der Flexibilität bezüglich Stückzahlausbringung

Mit Hilfe der Flexibilität bezüglich Stückzahlausbringung
eines Montagesystemes soll die Stückzahlausbringung sowohl
den kurzfristigen als auch den längerfristigen Nachfrageschwankungen des Absatzmarktes besser angepaßt werden können.

Da im Abschnitt 4.3.1 "Flexibilität bezüglich Liefertermin"
Anpassungen hinsichtlich des Liefertermines und im Abschnitt
4.3.4 "Flexibilität bezüglich Personaleinsatz" personelle
Kapazitätsanpassungen betrachtet wurden, sollen im folgenden
schwerpunktmäßig die Möglichkeiten der Kapazitätsanpassungen
der Betriebsmittel diskutiert werden.

In **Bild 20** wird eine Übersicht über die Zusammenhänge hinsichtlich der Flexibilität bezüglich Stückzahlausbringung in
einem Montagesystem gegeben.

Zur Beschreibung der Flexibilitätsanforderungen bezüglich
Stückzahlausbringung unter dem Gesichtspunkt der Kapazität
der Betriebsmittel können die erforderlichen maximalen und
minimalen Nutzungszeiten sowie die erforderliche maximale
und minimale Anzahl der jeweiligen Betriebsmittel dienen.
Darüber hinaus können gegebenenfalls auch erforderliche Abstufungen zwischen diesen Extrempunkten angegeben werden.
Als indirekte Meßgröße kann in vielen Fällen zweckmäßigerweise die entsprechende Stückzahlausbringung des Montagesystems herangezogen werden, da sie als Output eines Montage-

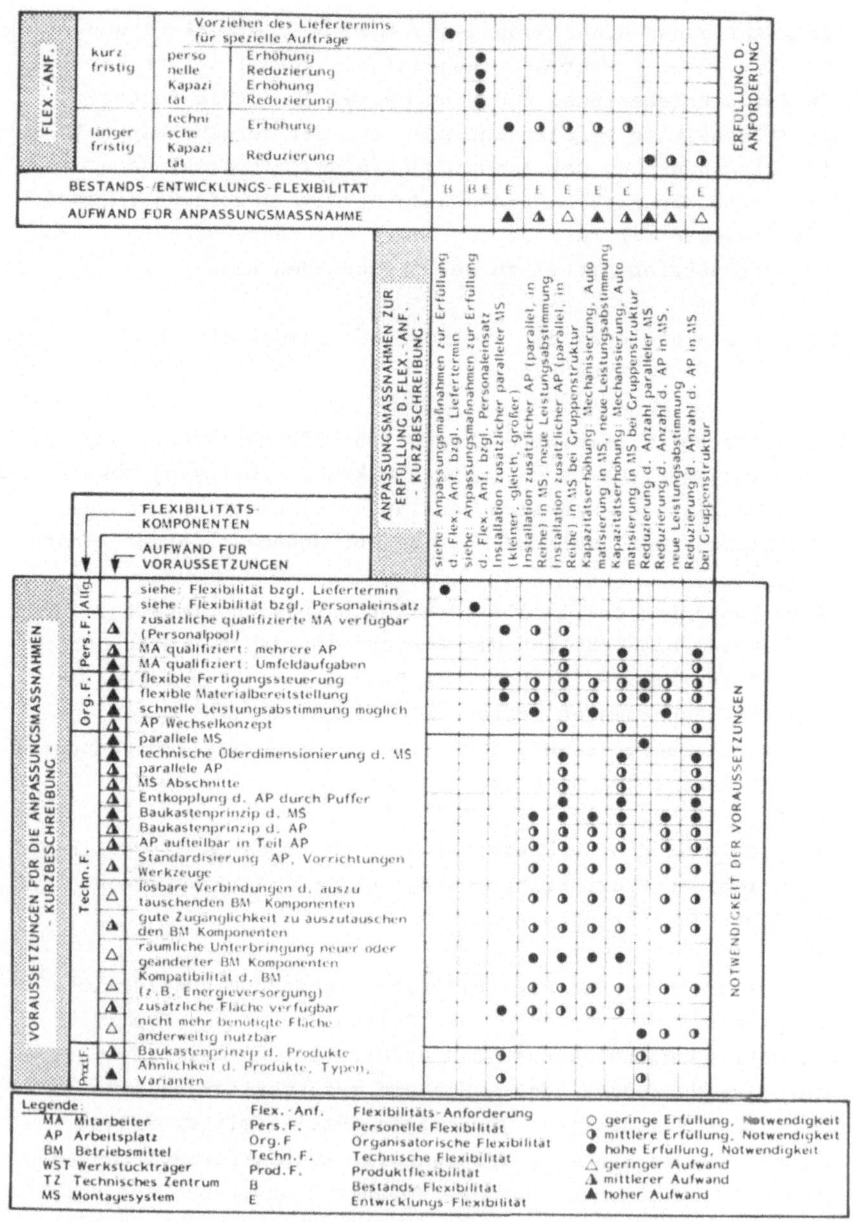

Bild 20: Übersicht über die Flexibilität bezüglich Stückzahlausbringung in einem Montagesystem

systemes im Vordergrund steht, die benötigte Kapazität der
Betriebsmittel hingegen nur als Mittel zur Erreichung der
gewünschten Stückzahlausbringung dient.

Die Anpassungsmaßnahmen zur Anpassung der Kapazität der Betriebsmittel sind in der Regel längerfristig. Sie können
analog zu den Flexibilitätsanforderungen beschrieben werden.
Zusätzlich sind jedoch folgende Angaben erforderlich:

- Zeitdauer bis Erhöhung oder Reduzierung der Kapazität der
  Betriebsmittel wirksam,
- Kosten für zusätzliche Betriebsmittel; Kosten für Be-
  triebsmitteländerungen und -umstellungen,
- Kosten für Flächenmehrbedarf,
- Kosten für neue Leistungsabstimmung,
- Kosten für organisatorische Änderungen,
- Kosten für Neuanlauf,
- Kosten für Qualifikation,
- Finanzbedarf für Investitionen,
- Flächenmehrbedarf; Nutzung freiwerdender Flächen,
- Wiederverwendungsmöglichkeiten nicht mehr benötigter Be-
  triebsmittel,
- Unterbringungsmöglichkeiten freigesetzter Mitarbeiter;
  Entlassungen.

Die wichtigsten Voraussetzungen für Anpassungsmaßnahmen der
Kapazität der Betriebsmittel betreffen wiederum die Betriebsmittel selbst (technische Flexibilität). Sie werden im
wesentlichen durch die Betriebsmittelkonstruktion und den
Betriebsmittelbau sowie durch die Fertigungsplanung beeinflußt. Die Betriebsmittel und ihre Anordnung sind dabei so
zu gestalten, daß nachträgliche Veränderungen möglichst einfach durchführbar sind.

4.3.6   Flexibilität bezüglich Betriebsmittel

4.3.6.1 Problemstellung

Bei bestehenden Montagesystemen können nachträgliche Anpassungen der Betriebsmittel erforderlich werden aufgrund:

- der Einführung neuer oder geänderter Produkte,
- der Erhöhung oder Reduzierung der Kapazität der Betriebsmittel,
- der Einführung neuer oder geänderter Fertigungsverfahren,
- der Höhermechanisierung und Automatisierung.

Diese nachträglichen Anpassungen der Betriebsmittel in bestehenden Montagesystemen können aufgrund des technischen Fortschrittes, gestiegener Qualitätsanforderungen, spezieller Kundenwünsche oder aufgrund von Humanisierungs- und Rationalisierungsmaßnahmen sinnvoll und notwendig sein. Sie finden ihre Begrenzung in ihrer technischen und wirtschaftlichen Durchführbarkeit sowie in den verfügbaren Finanzmitteln für Investitionen.

Die <u>Notwendigkeit dieser nachträglichen Anpassungen</u> - also die Gründe, warum eine Berücksichtigung dieser Gesichtspunkte bei der ursprünglichen Planung und Realisierung des Montagesystemes nicht möglich war - können im folgenden liegen:

- Stand der Technik noch nicht ausgereift oder zu risikoreich,
- qualifizierte Fachleute bezüglich dieser neuen Technologien fehlen im Unternehmen,
- bisher keine entsprechenden Anwendungen und Erfahrungen im Unternehmen vorhanden, so daß das Risiko eines ersten Einsatzes gescheut wird,
- ein wirtschaftlicher Einsatz (z.B. aufgrund zu geringer Planstückzahlen) erscheint nicht gewährleistet,
- notwendige Finanzmittel für Investitionen fehlen.

4.3.6.2 Beschreibung der Flexibilität bezüglich Betriebsmittel

Mit Hilfe der Flexibilität bezüglich Betriebsmittel sollen nachträgliche Anpassungen der Betriebsmittel an geänderte Anforderungen erleichtert werden.

Im Abschnitt 4.3.2 "Flexibilität bezüglich Produkte, Typen und Varianten" wurde die nachträgliche Einführung neuer oder geänderter Produkte, in Abschnitt 4.3.5 "Flexibilität bezüglich Stückzahlausbringung" die nachträgliche Erhöhung oder Reduzierung der Kapazität der Betriebsmittel bereits abgehandelt. Im folgenden soll deshalb schwerpunktmäßig eine Einschränkung auf die nachträgliche Einführung neuer oder geänderter Fertigungsverfahren sowie auf die nachträgliche Höhermechanisierung und Automatisierung vorgenommen werden.

In **Bild 21** wird eine Übersicht über die Zusammenhänge hinsichtlich der Flexibilität bezüglich Betriebsmittel in einem Montagesystem gegeben.

Zur Beschreibung der erforderlichen nachträglichen Einführung neuer oder geänderter Fertigungsverfahren als Unterziele können dienen:

- der Zweck der Änderungen der Fertigungsverfahren,
- die Art und der Umfang der Änderungen der Fertigungsverfahren,
- die Anzahl der betroffenen Arbeitsstationen im Montagesystem.

Bei der Höhermechanisierung und Automatisierung können zusätzlich die angestrebte Reduzierung der manuellen Tätigkeitszeiten von besonderer Bedeutung sein.

Die Anpassungsmaßnahmen hinsichtlich der Betriebsmittel sind in der Regel längerfristig. Sie können das gesamte Montagesystem, aber auch Teilbereiche (z.B. Montagesystemabschnit-

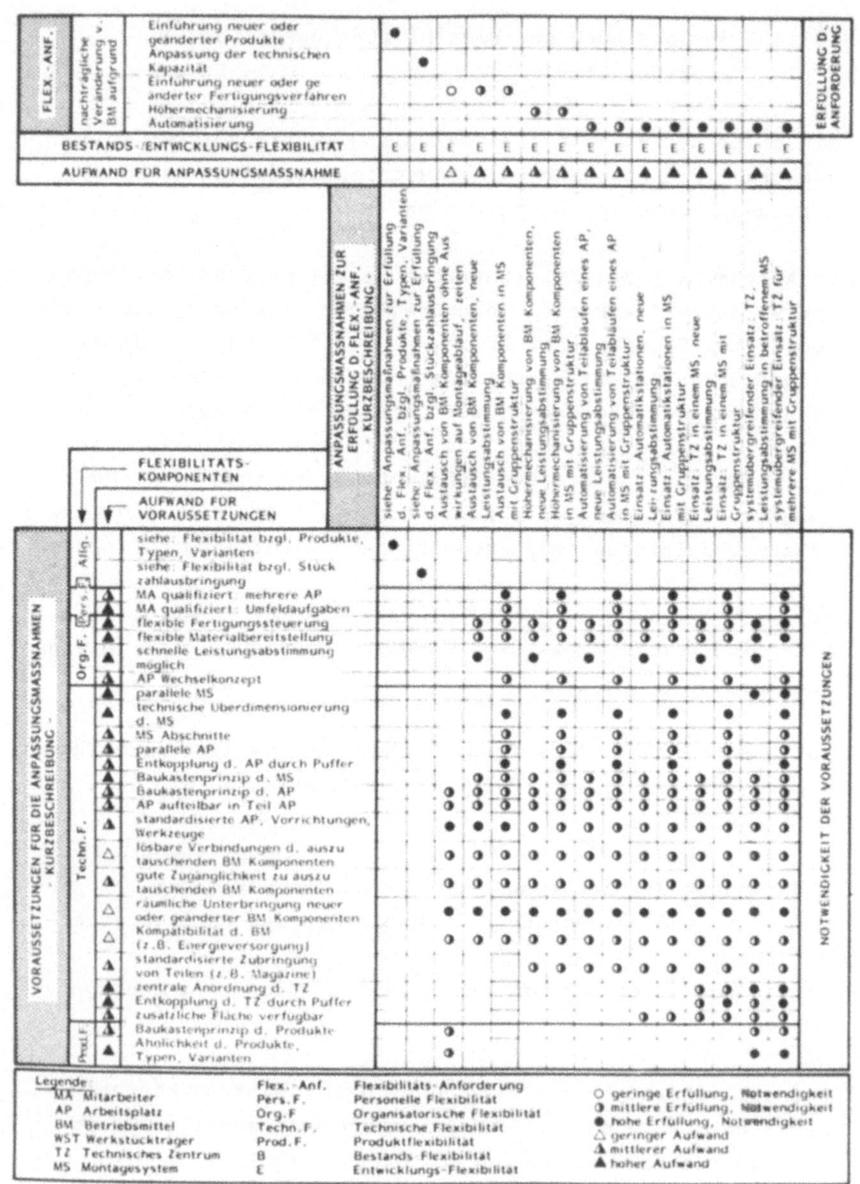

Bild 21: Übersicht über die Flexibilität bezüglich Betriebsmittel in einem Montagesystem

te, Arbeitsstationen, Komponenten von Arbeitsstationen) betreffen. Ihre Beschreibung kann analog zu den Flexibilitätsanforderungen erfolgen, wobei jedoch zusätzliche Angaben zu machen sind entsprechend der Anpassungsmaßnahmen hinsichtlich der Kapazität der Betriebsmittel (vgl. Abschnitt 4.3.5.2).

4.4 Zusammenfassende Betrachtung der Flexibilität von Montagesystemen

Ausgehend von den in Abschnitt 4.3 untersuchten einzelnen Flexibilitätsarten für Montagesysteme soll im folgenden eine Zusammenfassung gegeben werden. Schwerpunktmäßig werden dabei einerseits die anforderungsbezogenen Flexibilitätsarten, andererseits die systembezogenen Flexibilitätskomponenten betrachtet.

4.4.1 Anforderungsbezogene Flexibilitätsarten

Bei der Betrachtung der anforderungsbezogenen Flexibilitätsarten stehen die Flexibilitätsanforderungen und die zu ihrer Erfüllung geeigneten Anpassungsmaßnahmen im Vordergrund. Eine Übersicht über die anforderungsbezogenen Flexibilitätsarten gibt **Bild 22**.

Mit Hilfe der Unterpunkte der Flexibilitätsarten wird eine detailliertere Aufgliederung möglich. Die einzelnen Unterpunkte enthalten teilweise Hinweise auf die möglichen Anpassungsmaßnahmen und deren Fristigkeiten. Da die Flexibilitätsarten nicht vollständig voneinander unabhängig sind, treten einzelne Unterpunkte bei verschiedenen Flexibilitätsarten auf. So bestehen beispielsweise starke Beziehungen hinsichtlich:

- der kurzfristigen personellen Kapazitätsanpassungen: Flexibilität bezüglich Liefertermin; Flexibilität bezüglich Personaleinsatz; Flexibilität bezüglich Stückzahlausbringung,

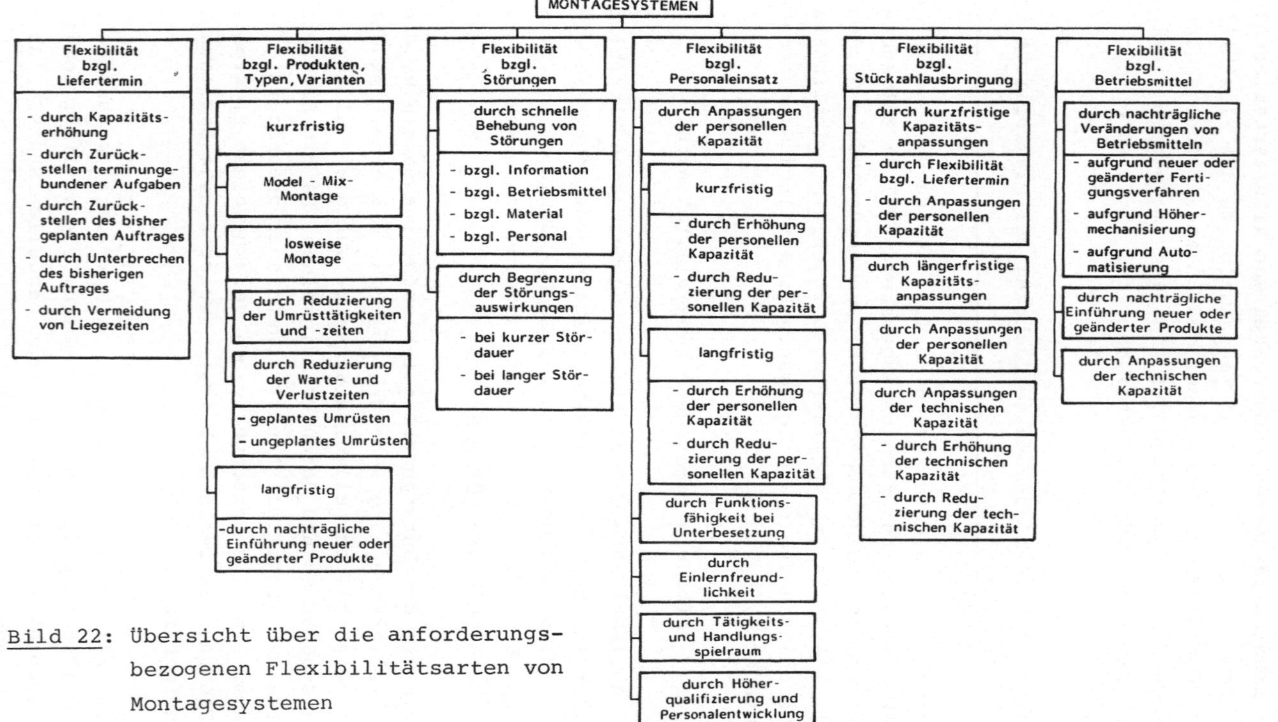

Bild 22: Übersicht über die anforderungs-bezogenen Flexibilitätsarten von Montagesystemen

- der Anpassungen der technischen Kapazität: Flexibilität
  bezüglich Stückzahlausbringung; Flexibilität bezüglich Betriebsmittel,
- der nachträglichen Einführung neuer oder geänderter Produkte: Flexibilität bezüglich Produkte, Typen und Varianten; Flexibilität bezüglich Betriebsmittel.

Mit Hilfe der Fristigkeit der Unterpunkte der Flexibilitätsarten ist eine Zuordnung zur Bestands-Flexibilität (kurzfristig) und zur Entwicklungs-Flexibilität (langfristig)
möglich.

4.4.2 Systembezogene Flexibilitätskomponenten

Die systembezogenen Flexibilitätskomponenten von Montagesystemen ergeben sich aus den in einem Montagesystem vorhanden
Voraussetzungen für Anpassungsmaßnahmen zur Erfüllung der
Flexibilitätsanforderungen. Eine Übersicht über die systembezogenen Flexibilitätskomponenten gibt **Bild 23**.

Die Unterpunkte der Flexibilitätskomponenten beziehen sich
zum Teil auf sehr unterschiedlich abgegrenzte Systeme. Eine
Beschränkung nur auf Montagesysteme ist dabei nicht sinnvoll, da teilweise die Voraussetzungen für Anpassungsmaßnahmen in der Montage stark von anderen betrieblichen Bereichen
beeinflußt werden.

4.4.3 Zusammenhänge zwischen anforderungsbezogenen Flexibi-
litätsarten und systembezogenen Flexibilitätskomponenten

Die anforderungsbezogenen Flexibilitätsarten stehen schwerpunktmäßig bei der Nutzung der Flexibilität im aktuellen
Fall zur Erfüllung konkreter Flexibilitätsanforderungen im
Vordergrund. Die systembezogenen Flexibilitätskomponenten
müssen dagegen bei der Planung der Flexibilität prophylak-
tisch, eher unabhängig von dem aktuellen Nutzungsfall zur
Erfüllung einzelner Flexibilitätsanforderungen, vielmehr un-

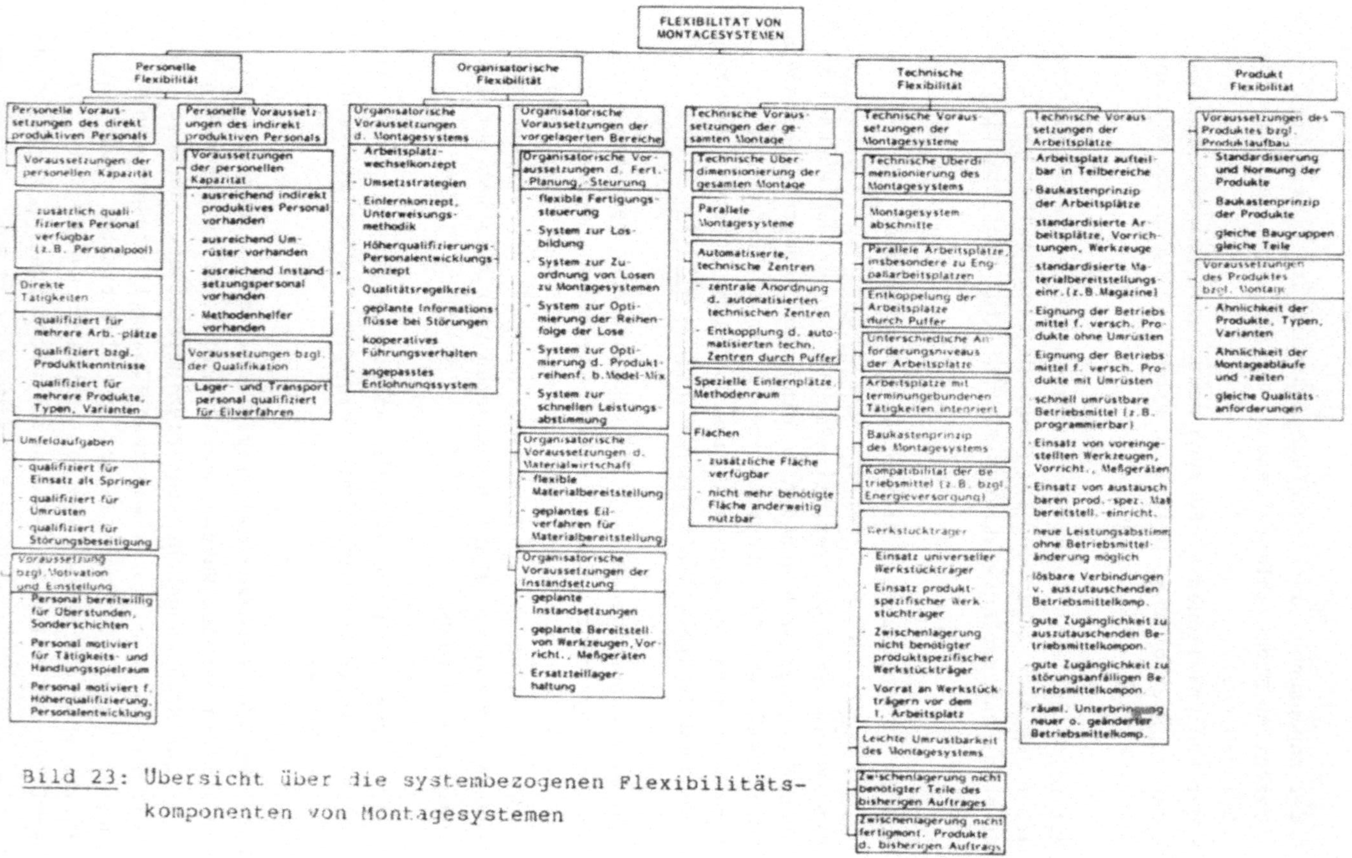

Bild 23: Übersicht über die systembezogenen Flexibilitäts-komponenten von Montagesystemen

ter Berücksichtigung aller wahrscheinlichen, zukünftigen Flexibilitätsanforderungen festgelegt werden. Da bei der Planung von Montagesystemen sowohl die Nutzung wie auch die Planung der Flexibilität zu untersuchen sind, soll im folgenden eine grobe Einschätzung der Zusammenhänge zwischen den anforderungsbezogenen Flexibilitätsarten und den systembezogenen Flexibilitätskomponenten gegeben werden (Bild 24).

Legende:
○ geringer Zusammenhang
◐ mittlerer Zusammenhang
● starker Zusammenhang

SYSTEMBEZOGENE FLEXIBILITÄTSKOMPONENTEN VON MONTAGESYSTEMEN — VORAUSSETZUNGEN

ANFORDERUNGSBEZOGENE FLEXIBILITÄTSARTEN VON MONTAGESYSTEMEN / ANPASSUNGSMASSNAHMEN	Personelle Flexibilität		Organisatorische Flexibilität		Technische Flexibilität			Produkt-Flexibilität	
	pers. Voraussetzungen des direkt produktiven Personals	pers. Voraussetzungen des indirekt produktiven Personals	org. Voraussetzungen des Montagesystems	org. Voraussetzungen der vorgelagerten Bereiche	techn. Voraussetzungen der gesamten Montage	techn. Voraussetzungen des Montagesystems	techn. Voraussetzungen der Arbeitsplätze	Voraussetzungen des Produktes bzgl. Produktaufbau	Voraussetzungen des Produktes bzgl. Montage
bzgl. Liefertermin — durch Kapazitätserhöhung	◐	○	◐	◐	○	◐	○	○	○
bzgl. Liefertermin — durch Umschichtung der Aufträge und Kapazitäten	◐	○	○	◐	○	◐	○	○	○
bzgl. Produkte, Typen, Varianten — durch kurzfristige Anpassung bzgl. Produkte, Typen, Varianten	●	○	○	◐	○	●	●	●	●
bzgl. Produkte, Typen, Varianten — durch nachträgliche Einführung neuer oder geänderter Produkte	○	○	○	○	○	○	◐	◐	◐
bzgl. Störungen — durch schnelle Behebung von Störungen	○	◐	◐	◐	○	○	◐	○	○
bzgl. Störungen — durch Begrenzung von Störungsauswirkungen	◐	○	◐	◐	◐	◐	○	○	○
bzgl. Personaleinsatz — durch Anpassungen der personellen Kapazität	●	◐	◐	◐	◐	●	◐	○	○
bzgl. Personaleinsatz — durch qualifikatorische und arbeitsorganisatorische Anpassungen	●	◐	●	◐	○	●	○	○	○
bzgl. Stückzahlausbringung — durch kurzfristige Kapazitätsanpassungen	●	◐	◐	◐	◐	●	○	○	○
bzgl. Stückzahlausbringung — durch längerfristige Kapazitätsanpassungen	◐	○	○	◐	◐	●	●	○	○
bzgl. Betr.-mittel — durch nachträgliche Veränderungen der Betriebsmittel	◐	○	◐	●	◐	●	●	◐	◐

Bild 24: Übersicht über die Zusammenhänge zwischen den anforderungsbezogenen Flexibilitätsarten und den systembezogenen Flexibilitätskomponenten von Montagesystemen

Für die in **Bild 24** einander gegenübergestellten anforderungsbezogenen Flexibilitätsarten und systembezogenen Flexibilitätskomponenten wurde eine Beurteilung vorgenommen hinsichtlich geringem, mittlerem und starkem Zusammenhang. Ein geringer Zusammenhang bedeutet, daß die Voraussetzungen nur für wenige Flexibilitätsanforderungen einen Beitrag leisten oder aber daß sie nicht zwingend notwendig, sondern nur förderlich sind. Bei einem starken Zusammenhang werden dagegen die Voraussetzungen zwingend benötigt, darüber hinaus wirken sie sich positiv für zahlreiche Flexibilitätsanforderungen gleichzeitig aus.

Für die Planung von Montagesystemen unter Berücksichtigung der Flexibilität kann die grobe Einschätzung der Zusammenhänge und ihrer Schwerpunkte zwischen den anforderungsbezogenen Flexibilitätsarten und den systembezogenen Flexibilitätskomponenten erste Hinweise geben. Hinsichtlich der konkreten Planungsarbeit bei der Gestaltung von Montagesystemen sind jedoch die detaillierteren Aussagen aus den **Bildern 16 – 21** heranzuziehen. Bei der Auswahl der zu realisierenden Voraussetzungen der Flexibilitätskomponenten, insbesondere wenn die späteren Flexibilitätsanforderungen noch weitgehend unsicher sind, sind schwerpunktmäßig die Voraussetzungen zu berücksichtigen, die einen wesentlichen Beitrag zu mehreren Flexibilitätsarten leisten, die also zur Erfüllung mehrerer Flexibilitätsanforderungen notwendig oder förderlich sind, oder deren Realisierungsaufwand niedrig ist.

5.1   Problemstellung

Zunehmend wächst die Einsicht in der Industrie über den
Stellenwert von Aussagen hinsichtlich der Flexibilität bei
der Beurteilung sowohl von bestehenden als auch zu planenden
Montagesystemen (vgl. Bild 2). Weitgehend objektive, syste-
matisch abgeleitete und quantifizierte Kennzahlen können dabei eine wesentliche Hilfestellung leisten (vgl. /55/). Häufig werden dennoch nur pauschale Betrachtungen der Flexibilität von Montagesystemen angestellt, wobei in einigen Fällen Nutzwertanalysen zur Absicherung herangezogen werden.

Die Ursachen für den unzureichenden Detaillierungsgrad der
Flexibilitätsuntersuchungen liegen in den mangelnden Kennt-
nissen sowie in der hohen Komplexität der Wirkzusammenhänge
hinsichtlich der Flexibilität begründet. Darüber hinaus besteht ein Defizit an bekannten, operationalen Vorgehensweisen zur Quantifizierung und Beurteilung der Flexibilität von
Montagesystemen.

Im folgenden sollen deshalb Vorgehensweisen zur quantifizierenden Bewertung der Flexibilität in unterschiedlich ver-
dichteter Form für bestehende, aber auch zu planende Montagesysteme (z.B. Lösungsalternativen im Planungsstadium) entwickelt werden.

5.2   Vorhandene Methoden zur Quantifizierung der Flexibilität

In Bild 25 sind verschiedene vorhandene Methoden zur Quantifizierung der Flexibilität von Systemen aufgeführt.

Das Modell von Miese /47/ ist sehr pauschal. Vergleiche sind
nur bei Anpassungsmaßnahmen möglich, bei denen größere Investitionen anfallen.

Schaefer /24/ verfolgt einen sehr allgemeinen Ansatz, der
jedoch bei entsprechender Konkretisierung, wobei der Aufwand
steigt, erste Aussagen zuläßt. Kostengesichtspunkte werden
allerdings von ihm vernachlässigt.

Modell	Formel	Erläuterungen zur Formel		Bemerkungen
Miese /47/	$F = \left(1 - \dfrac{K_A}{K_I} \right) \cdot 100$	F	Flexibilität	
		K_A	Anpassungskosten	
		K_I	Investitionskosten	
Schäfer /24/	$F = \dfrac{\Delta x_m}{\Delta T}$ $\quad$ $V = \dfrac{\Delta F}{\Delta T}$ $\quad$ $R = \dfrac{\Delta x_z}{\Delta T}$	F	Flexibilität	Vergleich von R mit F und V
		Δx_m	Stärke der möglichen Reaktionen bezüglich einer bestimmten Maßnahme m	
		ΔT	Reaktionszeitraum	
		V	Variabilität	
		ΔF	erzielbare Veränderung der Flexibilität	
		R	erforderlicher Reaktionsspielraum	
		Δx_z	Stärke der erforderlichen Reaktion bezüglich einer bestimmten Störgröße z	
Kölle /46/ (in Anlehnung an Maier /30/)	$\varepsilon_{rva} = \dfrac{\text{card } M_a}{\text{card } G}$ $\quad$ $f = \dfrac{\varepsilon_{rva} \cdot \varepsilon_{M\,ges}}{2}$	ε_{rva}	relative Vielseitigkeit	
		M_a	Menge der Varianten eines Montagesystemes	
		G	Grundmenge von Erzeugnisvarianten eines Betriebes	
		card	Kardinalzahl	
		f	Flexibilitätsgrad	
		$\varepsilon_{M\,ges}$	mittlere Anpassungsfähigkeit eines gesamten Montagesystemes	
Scharf /29/	$f_{AK} = e^{-K_R / K_{R0}}$ $\quad$ $f_{AT} = e^{-T_R / T_{R0}}$	f_{AK}	Anpaßflexibilität auf Kostenbasis	
		K_R	Umrüstkosten im System	
		K_{R0}	Umrüstkosten im Vergleichssystem	
		f_{AT}	Anpaßflexibilität auf Zeitbasis	
		T_R	Umrüstzeit im System	
		T_{R0}	Umrüstzeit im Vergleichssystem	
Klaus /31/	$K_i = \dfrac{1}{W_m}$	K_i	innere Flexibilität	
		W_m	mittlere wirtschaftliche Losgröße	
Schmigalla /10/	$\eta_i = \dfrac{m_i^*}{m_i}$ $\quad$ $P = \dfrac{\varkappa}{m - 1}$	η_i	Auslastungsgrad	kapazitive Flexibilität
		m_i^*	Ausrüstungsanzahl (gebrochenzahlig) der Art i, Kapazitätsbedarf	
		m_i	Ausrüstungsanzahl (gerundet auf ganze Ausrüstungsanzahlen), Kapazitätsangebot	strukturelle Flexibilität
		P	Organisationsreserve	
		$\varkappa$	Kooperationsgrad	
		m	Ausrüstungsanzahl	
Jacob /23/	$F_B = \dfrac{\sum_s \pi_s (C_s^* - U_s)}{\sum_s \pi_s (C_s^* - G_s)} - 1$ $\quad$ $F_E = \dfrac{\sum_s \pi_s (C_s^* - U_s)}{\sum_s \pi_s (C_s^* - G_s)} - 1$	F_B	Bestands-Flexibilität	1 Periode
		s	mögliche Umweltentwicklungen	
		π_s	subjektive Wahrscheinlichkeit d. Eintritts der verschiedenen Datenkonstellationen	
		C_s^*	Ergebnis (Gewinn, Verlust) bei Eintritt der Datenkonstellation s, falls optimale Anpassungen an die jeweilige Situation möglich	
		U_s	Ergebnis, falls keine Anpassung möglich wäre	
		G_s	Ergebnis bei einer Anpassung im Rahmen der bestehenden betrieblichen Organisation	
		F_E	Entwicklungs-Flexibilität	mehrere Perioden

<u>Bild 25</u>: Vorhandene Methoden zur Quantifizierung der
Flexibilität von Systemen

Kölle /46/, Scharf /29/ und Klaus /31/ berücksichtigen
schwerpunktmäßig nur die Möglichkeiten, unterschiedliche
Produkte, Typen und Varianten zu montieren. Scharf /29/ be-
zieht sich dabei als Vergleichsgröße auf den Umrüstaufwand
und die Umrüstzeit im Verhältnis zu einem idealen Vergleichssystem.

Durch die Differenzierung von Schmigalla /10/ zwischen einer
technologischen, kapazitiven und strukturellen Flexibilität
können entsprechende Aussagen zur Bestands-Flexibilität abgeleitet werden, wobei jedoch die Anpassungskosten und -zei-
ten vernachlässigt werden.

Jacob /23/ orientiert sich schwerpunktmäßig an einer Gewinn-
maximierung, indem er die Auswirkungen der Flexibilität ermittelt. Aussagen über die Flexibilität eines Systemes
selbst sind somit nur indirekt möglich.

5.3 Weiterentwicklung der Ansätze zur Quantifizierung der Flexibilität von Montagesystemen

5.3.1 Zielsetzung

Im folgenden sollen die bestehenden Ansätze zur Quantifizierung der Flexibilität entsprechend der Definitionen im Abschnitt 2.1 erweitert werden. Das Ziel der Quantifizierung
ist dabei, Kennzahlen für die Flexibilität sowie für einzelne Flexibilitätsarten des Montagesystemes und seiner Subsysteme zu erhalten.

Bei der Entwicklung von Vorgehensweisen zur Quantifizierung
der Flexibilität wurde bewußt eine strikte Trennung zwischen
der Quantifizierung sowie der Bewertung der Flexibilität von
Montagesystemen vorgenommen. Die Quantifizierung soll zur
objektiven Beschreibung der Flexibilität als Eigenschaft
eines Montagesystemes dienen. Bei der Bewertung der Flexibilität eines Montagesystemes stehen dagegen die zu gewinnen-
den Erkenntnisse über die Zweckmäßigkeit des quantifizierten

Maßes an Flexibilität in einer spezifischen Situation im Vordergrund.

5.3.2   Anforderungen an Vorgehensweisen zur Quantifizierung
         der Flexibilität von Montagesystemen

Um die quantifizierten Werte der Flexibilität von Montagesystemen im Rahmen der Bewertung der Flexibilität einbeziehen und aus ihnen gegebenenfalls Verbesserungen ableiten zu können, sind an die Vorgehensweisen zur Quantifizierung der Flexibilität nachfolgende Anforderungen zu stellen:

- zahlenmäßige Angabe für den Meßwert "Flexibilitätsgrad",
- Reproduzierbarkeit des Meßwertes,
- Vergleichbarkeit verschiedener Meßwerte,
- Eignung der Vorgehensweisen zur Quantifizierung einzelner
  Aspekte, aber auch der gesamtheitlichen Flexibilität,
- Eignung der Vorgehensweisen zur Quantifizierung der Be-
  stands- ,Entwicklungs-Flexibilität, Ist- bei bestehenden
  und Soll-Flexibilität bei zu planenden Montagesystemen,
- Eignung der Vorgehensweisen für verschiedenartigste Pro-
  duktionssysteme, nicht nur für Montagesysteme,
- Anwendungsmöglichkeit der Vorgehensweisen zur vergleichen-
  den Quantifizierung sowohl der Flexibilitätsanforderungen
  als auch der vorhandenen Flexibilität,
- leichte Durchführbarkeit der Vorgehensweisen und geringer
  Aufwand.

5.3.3   Theoretische Abklärungen

5.3.3.1 Ansätze zur Bestimmung eines Flexibilitätsgrades

Die Flexibilität von Systemen ist die Eigenschaft, Anpassungsmaßnahmen an veränderte Bedingungen zu ermöglichen. Grundsätzlich läßt sich feststellen, daß die Flexibilität eines Systemes umso größer ist, je größer das Potential für Anpassungsmaßnahmen und je geringer die Widerstände gegen Anpassungsmaßnahmen sind (<u>Bild 26</u>).

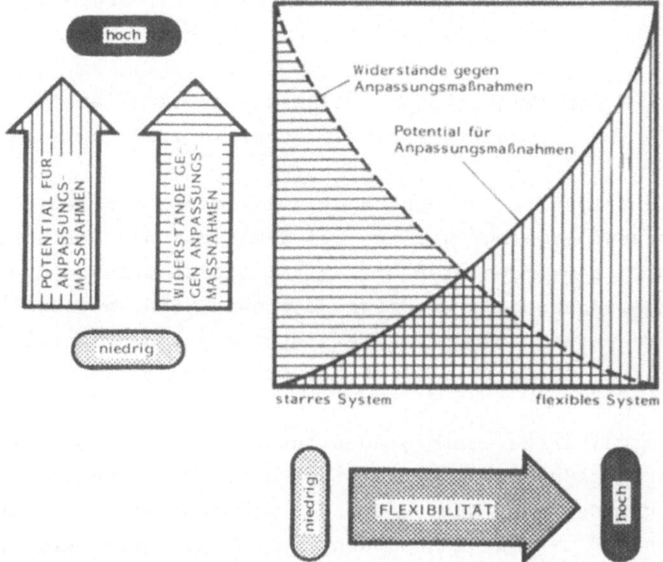

Bild 26: Abhängigkeiten zwischen der Flexibilität eines Systemes, dem Potential für sowie den Widerständen gegen Anpassungsmaßnahmen

Allgemein kann dieser Sachverhalt durch folgende Formel ausgedrückt werden:

(1) $F = f(P, W)$

mit   F   Flexibilitätsgrad eines Systemes
         P   Potential für Anpassungsmaßnahmen
         W   Widerstände gegen Anpassungsmaßnahmen

Da das mögliche Systemverhalten nicht direkt, auch nicht in einem Realsystem, gemessen werden kann, müssen indirekte Meßverfahren zur Ermittlung der flexibilitätsbestimmenden Größen herangezogen werden. Ein Ansatz zur indirekten Messung liegt darin, daß die Voraussetzungen sowie die Widerstände der Systemkomponenten bei Anpassungsmaßnahmen ermittelt werden:

(2)   P = f (Voraussetzungen bei Personal, Organisation,
                Technik, Produkte für Anpassungsmaßnahmen)

(3)   W = f (Widerstände bei Personal, Organisation,
                Technik, Produkte gegen Anpassungsmaßnahmen)

Für die folgenden Betrachtungen soll jedoch ein zweiter Ansatz zugrunde gelegt werden, bei dem statt der Orientierung
an den Systemkomponenten aus operationalen Gründen die Anpassungsmaßnahmen im Vordergrund stehen. Eine analoge Über-
tragung der nachfolgenden Überlegungen auf den zuerst dargestellten Ansatz ist jedoch grundsätzlich möglich.

Bei dem weiter zu verfolgenden Ansatz wird das Potential für
Anpassungsmaßnahmen durch die Spannbreite der möglichen Anpassungsmaßnahmen, also durch die Distanz zwischen einer minimalen und maximalen Anpassungsmaßnahme, sowie durch die
Anzahl der möglichen Anpassungsstufen bzw. Anpassungsintervalle bestimmt.

(4) $P = f (P_D, P_I)$

mit P_D Anpassungsdistanz
         P_I Anzahl der Anpassungsintervalle.

Die Widerstände gegen Anpassungsmaßnahmen lassen sich bei
diesem gewählten Ansatz einerseits durch die notwendigen Ko-
sten- und Zeitaufwände für die möglichen Anpassungsmaßnahmen
bestimmen. Andererseits können jedoch zusätzliche "sonstige
Widerstände", z.B. die Widerstände der Vorgesetzten, der betroffenen Mitarbeiter, des Betriebsrates sowie vor- oder
nachgelagerter betrieblicher Bereiche, einen großen Einfluß
auf die Durchführbarkeit möglicher Anpassungsmaßnahmen haben. Somit können gegebenenfalls auch die Nichterreichung
oder Nichteinhaltung von übergeordneten betrieblichen Zielsetzungen in Form der Widerstände gegen Anpassungsmaßnahmen
berücksichtigt werden.

(5) $\qquad W = f\,(W_K,\ W_T,\ W_{So})$

mit $\quad W_K \qquad$ Anpassungskosten

$\quad\ \ \ W_T \qquad$ Anpassungszeit

$\quad\ \ \ W_{So} \qquad$ sonstige Widerstände gegen

$\qquad\qquad\qquad$ Anpassungsmaßnahmen

5.3.3.2 Normierung der Ausgangsgrößen zur Quantifizierung
der Flexibilität

Da die absoluten Werte von F, P, P_D, P_I, W, W_K, W_T
und W_{So} sich aus mehreren Komponenten zusammensetzen, unterschiedliche Dimensionen haben können, zudem für notwendige, nachfolgend beschriebene Rechenregeln wenig geeignet
sind, soll eine Normierung dieser Werte durchgeführt werden.
Entsprechend den Regeln der Wahrscheinlichkeitsrechnung bietet sich für die normierten Werte eine Meßlatte von 0 bis 1
an.

(6) $\qquad 0 \leq F,\ P,\ P_D,\ P_I,\ W,\ W_K,\ W_T,\ W_{So} \leq 1$

Falls ein normierter Wert 0 ist, bedeutet dies, daß das entsprechende Merkmal keine oder vernachlässigbar geringe Ausprägungen hat. Ist der normierte Wert dagegen 1, besitzt das
betrachtete Merkmal eine sehr starke Ausprägung.

Die normierten Werte der Ausgangsgrößen zur Quantifizierung
der Flexibilität ergeben sich in der Regel als Funktion aus
absoluten Werten. Für die Normierung der Ausgangsgrößen des
Potentials für Anpassungsmaßnahmen bietet sich als Bezugsbasis ein vergleichbares flexibles System (gegebenenfalls
hypothetisch) an, das sich an die gestellten Anforderungen
sehr gut anpassen kann. Die Bezugsbasis für die Normierung
der Ausgangsgrößen der Widerstände gegen Anpassungsmaßnahmen
liegt in einem vergleichbaren starren System, das sich an
die gestellten Anforderungen nur schlecht anpassen kann.

Beispielhaft soll im folgenden die Normierung der Ausgangsgröße P_D des Potentials für Anpassungsmaßnahmen P erläutert werden. Dabei soll für die zu normierende Ausgangsgröße gelten:

$$(7) \qquad P_D = f\ (P^*_D)$$

mit $\qquad P^*_D \qquad$ Absolutwert für die Anpassungsdistanz

Es soll dann gelten:

$$(8) \qquad P_{Df} = 1$$

mit $\qquad P_{Df} \qquad$ Anpassungsdistanz eines flexiblen Vergleichssystemes, das sich an die gestellten
Anforderungen sehr gut anpassen kann.

Für die Normierung soll unter Berücksichtigung des flexiblen
Vergleichssystemes gelten:

$$(9) \qquad P_D = f\ \left(\frac{P^*_D}{P^*_{Df}}\right) \cdot P_{Df} = f\ \left(\frac{P^*_D}{P^*_{Df}}\right)$$

mit $\qquad P^*_{Df} \qquad$ Absolutwert für die Anpassungsdistanz des
flexiblen Vergleichssystemes

Für lineare Abhängigkeiten gilt dann vereinfacht:

$$(10) \qquad P_D = \frac{P^*_D}{P^*_{Df}}$$

Bei nicht linearen Abhängigkeiten für die Normierung, falls
beispielsweise die höheren Werte innerhalb der Anpassungsdistanz als wichtiger erachtet werden, können die normierten
Werte geschätzt werden. Ein gutes Hilfsmittel für die Normierung sind graphische Darstellungen entsprechend Bild 27.

Können für die Ausgangsdaten keine absoluten Werte angegeben
werden, so können die normierten Werte direkt geschätzt wer-

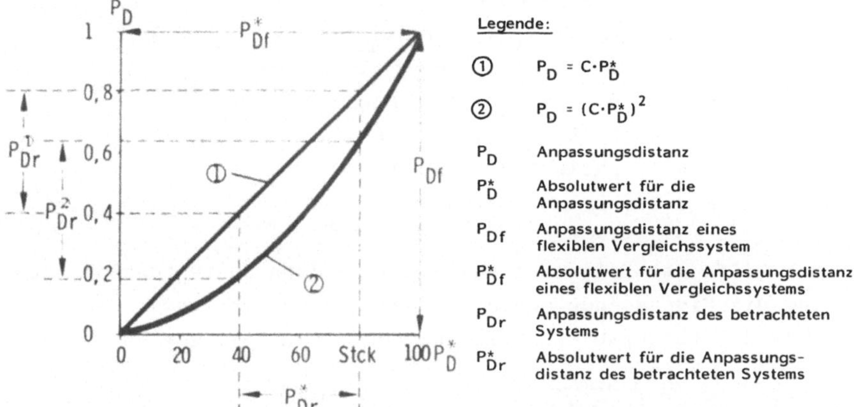

Bild 27: Beispielhafte Normierung der Anpassungsdistanz

den, indem folgende Meßlatte angelegt wird: 0 = sehr gering;
0,25 = gering; 0,5 = mittel; 0,75 = hoch; 1 = sehr hoch.
Dieses stark vereinfachende Vorgehen sollte jedoch nur in
Ausnahmefällen angewandt werden.

Analog zu der vorgestellten Normierung der Ausgangsgröße
P_D des Potentials für Anpasssungsmaßnahmen kann auch für
die anderen Ausgangsgrößen P_I, W_K, W_T und W_{So} vorgegangen werden.

5.3.3.3 Bestimmung des Potentials für und der Widerstände
       gegen Anpassungsmaßnahmen sowie des Flexibilitäts-
       grades

Bei der Ermittlung der Formeln zur Bestimmung des Potentials
für und der Widerstände gegen Anpassungsmaßnahmen sowie der
Flexibilitätsgrade wird im ersten Schritt vereinfachend eine
Gleichgewichtung der Ausgangsgrößen unterstellt. Weiterhin
sollen folgende Voraussetzungen gelten :

$$P = 0, \text{ falls } P_D = 0 \ \underline{\text{oder}} \ P_I = 0$$

$$P = 1, \text{ falls } P_D = 1 \ \underline{\text{und}} \ P_I = 1$$

$$P = P_D = P_I, \text{ falls } P_D = P_I$$

$$W = 0, \text{ falls } W_K = 0 \ \underline{\text{und}} \ W_T = 0 \ \underline{\text{und}} \ W_{So} = 0$$

$$W = 1, \text{ falls } W_K = 1 \ \underline{\text{oder}} \ W_T = 1 \ \underline{\text{oder}} \ W_{So} = 1$$

$$W = W_K = W_T = W_{So}, \text{ falls } W_K = W_T = W_{So}$$

$$F = 0, \text{ falls } P = 0 \ \underline{\text{oder}} \ W = 1$$

$$F = 1, \text{ falls } P = 1 \ \underline{\text{und}} \ W = 0$$

$$F = P = 1 - W, \text{ falls } P = 1 - W$$

Mit Hilfe nachfolgender Formeln kann dann das Potential für
und die Widerstände gegen Anpassungsmaßnahmen sowie der
Flexibilitätsgrad ermittelt werden (<u>Bild 28</u>):

$$(11) \qquad P = \sqrt{P_D \cdot P_I}$$

$$(12) \qquad W = 1 - \sqrt[3]{(1 - W_K) \cdot (1 - W_T) \cdot (1 - W_{So})}$$

$$(13) \qquad F = \sqrt{P \cdot (1 - W)}$$

Falls unterschiedliche Gewichtungen der Ausgangsgrößen
vorausgesetzt werden sollen, ergeben sich folgende Formeln:

$$(14) \qquad P = \sqrt{P_D^{\,g_D} \cdot P_I^{\,g_I}}$$

$$(15) \qquad W = 1 - \sqrt[3]{(1 - W_K)^{g_K} \cdot (1 - W_T)^{g_T} \cdot (1 - W_{So})^{g_{So}}}$$

$$(16) \qquad F = \sqrt{P^{\,g_P} \cdot (1 - W)^{g_W}}$$

mit $\quad g_D \quad$ Gewichtungsfaktor für die Anpassungsdistanz

$\qquad\quad g_I \quad$ Gewichtungsfaktor für die Anzahl der
Anpassungsintervalle

$\qquad\quad g_K \quad$ Gewichtungsfaktor für die Anpassungskosten

$\qquad\quad g_T \quad$ Gewichtungsfaktor für die Anpassungszeit

$\qquad\quad g_{So} \quad$ Gewichtungsfaktor für sonstige Widerstände
gegen Anpassungsmaßnahmen

g_P Gewichtungsfaktor für das Potential für Anpassungsmaßnahmen

g_W Gewichtungsfaktor für die Widerstände gegen Anpassungsmaßnahmen

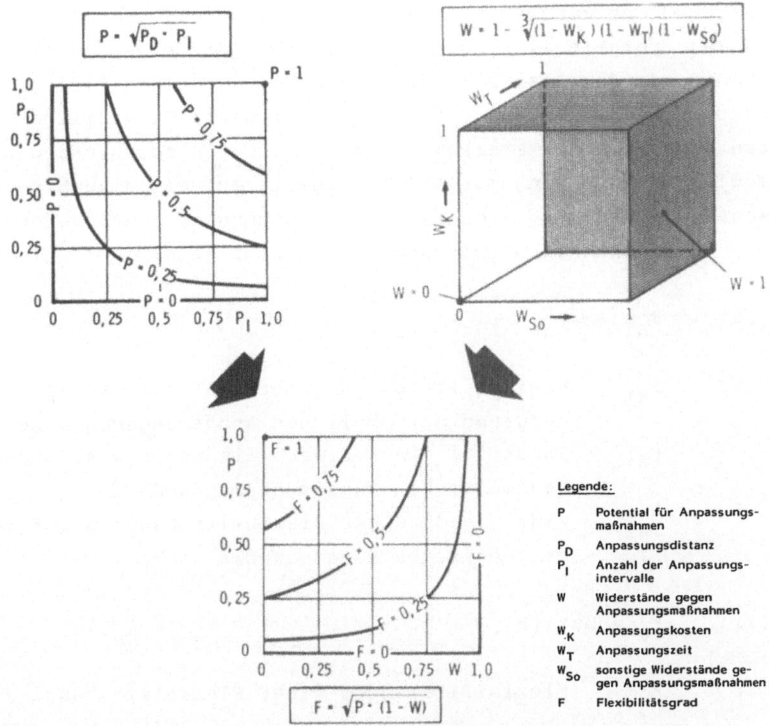

Bild 28: Potential für und Widerstände gegen Anpassungsmaßnahmen sowie der Flexibilitätsgrad in Abhängigkeit der normierten Ausgangsgrößen

Für die Gewichtungsfaktoren muß aufgrund des gewählten Formel-Ansatzes dabei gelten:

$$(17) \qquad g_D + g_I = 2; \quad g_D \geq 0; \quad g_I \geq 0$$

$$(18) \qquad g_K + g_T + g_{So} = 3; \quad g_K \geq 0; \quad g_T \geq 0; \quad g_{So} \geq 0$$

$$(19) \quad g_P + g_W = 2; \quad g_P \geq 0; \quad g_W \geq 0$$

5.3.3.4 Flexibilitätsgrad unter Berücksichtigung verschiedener Flexibilitätsarten

Aufgrund der komplexen Zusammenhänge erscheint es in vielen Fällen operationaler, den Flexibilitätsgrad eines Montagesystemes aus den Flexibilitätsgraden der einzelnen Flexibilitätsarten abzuleiten. Für die verschiedenen Flexibilitätsarten läßt sich der Flexibilitätsgrad unter Berücksichtigung möglicher Anpassungsmaßnahmen, wobei eventuell eine Einschränkung auf die wichtigsten Anpassungsmaßnahmen vorgenommen werden kann, in folgender Weise ermitteln:

$$(20) \quad F_{ai} = \sqrt{P_{ai} \cdot (1 - W_{ai})}$$

mit $\quad F_{ai} \quad$ Flexibilitätsgrad einer Flexibilitätsart a aufgrund der möglichen Anpassungsmaßnahme i

$\quad\quad\quad P_{ai} \quad$ Potential einer Flexibilitätsart a aufgrund der möglichen Anpassungsmaßnahme i

$\quad\quad\quad W_{ai} \quad$ Widerstände einer Flexibilitätsart a aufgrund der möglichen Anpassungsmaßnahme i

$$(21) \quad F_a = \text{Max} \, (F_{ai})$$

mit $\quad F_a \quad$ Flexibilitätsgrad einer Flexibilitätsart a

Aus den einzelnen Flexibilitätsgraden der Flexibilitätsarten kann vereinfachend, indem eine Gleichgewichtung der verschiedenen Flexibilitätsarten angenommen wird, der Flexibilitätsgrad des Systemes als arithmetischer Mittelwert gebildet werden:

$$(22) \quad F = \frac{1}{m} \cdot \sum_{a=1}^{m} F_a$$

mit $\quad m \quad$ Anzahl der berücksichtigten Flexibilitätsarten

Als zusätzliche Information kann die Varianz herangezogen
werden:

$$(23) \qquad \sigma_F^2 = \frac{1}{m-1} \cdot \sum_{a=1}^{m} (F_a - F)^2$$

mit $\qquad \sigma_F^2 \qquad$ Varianz des Flexibilitätsgrades des Systemes

Falls eine Gewichtung der einzelnen Flexibilitätsarten bei
der Ermittlung des Flexibilitätsgrades eines Systemes erfolgen soll, gilt folgende Formel:

$$(24) \qquad F = \sum_{a=1}^{m} g_a \cdot F_a$$

mit $\qquad g_a \qquad$ Gewichtungsfaktor der Flexibilitätsart a

Für die Gewichtungsfaktoren muß dabei aufgrund des gewählten
Formel-Ansatzes gelten:

$$(25) \qquad \sum_{a=1}^{m} g_a = 1; \qquad g_a \geq 0$$

Bei der Ermittlung der Flexibilitätsgrade werden eventuell
nicht alle Anpassungsmaßnahmen berücksichtigt, da sie nicht
alle bekannt sind oder nur mit unverhältnismäßig hohem Aufwand erfaßt werden können. Vereinfachend wird deshalb davon
ausgegangen, daß der tatsächliche, aber unbekannte Flexibilitätsgrad gleich oder höher als der ermittelte Wert ist, da
der ermittelte Flexibilitätsgrad jeweils nach unten abgeschätzt wird.

$$(26) \qquad F^*_a \geq F_a$$

mit $\qquad F^*_a \qquad$ tatsächlicher Flexibilitätsgrad einer
$\qquad\qquad\qquad\qquad$ Flexibilitätsart a

$$(27) \qquad F^* \geq F$$

mit $\qquad F^* \qquad$ tatsächlicher Flexibilitätsgrad eines Systems

5.3.3.5 Flexibilitätsgrad unter Berücksichtigung von Subsystemen

Bei großen Systemen ist es aus Operationalitätsgründen sinnvoll, den Flexibilitätsgrad eines Systemes stufenweise, ausgehend von den Subsystemen, zu ermitteln. Falls eine Gleichgewichtung der Subsysteme und der Flexibilitätsarten vorausgesetzt wird, lauten die Formeln:

$$(28) \qquad F_s = \frac{1}{m} \cdot \sum_{a=1}^{m} F_{as}$$

mit $\quad F_s \qquad$ Flexibilitätsgrad des Subsystemes s

$\qquad\quad F_{as} \qquad$ Flexibilitätsgrad der Flexibilitätsart a

$\qquad\qquad\qquad$ im Subsystem s

$$(29) \qquad F = \frac{1}{r} \cdot \sum_{s=1}^{r} F_s$$

mit $\quad r \qquad$ Anzahl der Subsysteme

Falls als Ausgangsbasis der Bestimmung des Flexibilitätsgrades des Systemes vorher der Flexibilitätsgrad der verschiedenen Flexibilitätsarten ermittelt werden soll, gilt:

$$(30) \qquad F_a = \frac{1}{r} \cdot \sum_{s=1}^{r} F_{as}$$

Falls in einem Schritt gleichzeitig verschiedene Flexibilitätsarten und Subsysteme berücksichtigt werden sollen, gilt:

$$(31) \qquad F = \frac{1}{m \cdot r} \cdot \sum_{a=1}^{m} \sum_{s=1}^{r} F_{as}$$

Falls die Subsysteme und die Flexibilitätsarten in unterschiedlicher Weise gewichtet werden sollen - bestimmte Subsysteme können beispielsweise Engpässe für bestimmte Flexibilitätsarten darstellen -, gelten folgende Formeln:

$$(32) \qquad F_s = \sum_{a=1}^{m} g_a \cdot F_{as}$$

$$(33) \qquad F = \sum_{s=1}^{r} g_s \cdot F_s$$

$$(34) \qquad F_a = \sum_{s=1}^{r} g_s \cdot F_{as}$$

$$(35) \qquad F = \sum_{a=1}^{m} \sum_{s=1}^{r} g_a \cdot g_s \cdot F_{as}$$

mit $\quad g_s \quad$ Gewichtungsfaktor des Subsystemes s.

Für g_s muß dabei aufgrund des gewählten Formel-Ansatzes gelten:

$$(36) \qquad \sum_{s=1}^{r} g_s = 1; \; g_s \geq 0$$

5.3.3.6 Vergleich von Flexibilitätsanforderungen mit den ermittelten Flexibilitätsgraden

Um die Flexibilitätsanforderungen zu quantifizieren und mit den ermittelten Flexibilitätsgraden vergleichen zu können, wird ein <u>Anforderungspotential</u> analog zu dem Potential für Anpassungsmaßnahmen definiert. Eine Einbeziehung der Widerstände gegen Anpassungsmaßnahmen bei der Quantifizierung der Flexibilitätsanforderungen erscheint nicht sinnvoll und wurde bewußt vermieden, um mit Hilfe des Anforderungspotentials einen Soll-Zustand auf Basis der Flexibilitätsanforderungen festlegen zu können.

Falls eine Gleichgewichtung der Ausgangsgrößen vorausgesetzt wird, gelten folgende Formeln:

$$(37) \qquad R_a = \sqrt{R_{aD} \cdot R_{aI}}$$

mit R_a Anforderungspotential für Anpassungsmaßnahmen bezüglich der Flexibilitätsart a

R_{aD} erforderliche Anpassungsdistanz bezüglich der Flexibilitätsart a

R_{aI} erforderliche Anzahl der Anpassungsintervalle bezüglich der Flexibilitätsart a

$$(38) \qquad R_s = \sum_{a=1}^{m} R_{as}$$

mit R_s Anforderungspotential für Anpassungsmaßnahmen des Subsystem s

R_{as} Anforderungspotential für Anpassungsmaßnahmen der Flexibilitätsart a im Subsystem s

$$(39) \qquad R = \frac{1}{m} \cdot \sum_{a=1}^{m} R_a$$

mit R Anforderungspotential für Anpassungsmaßnahmen eines Systemes

$$(40) \qquad R = \frac{1}{r} \cdot \sum_{s=1}^{r} R_s$$

Falls unterschiedliche Gewichtungen der Ausgangsgrößen vorgenommen werden sollen, gilt:

$$(41) \qquad R_a = \sqrt{R_{aD}^{g_D} \cdot R_{aI}^{g_I}}$$

$$(42) \qquad R_s = \sum_{a=1}^{m} g_a \cdot R_{as}$$

$$(43) \qquad R = \sum_{a=1}^{m} g_a \cdot R_a$$

$$(44) \qquad R = \sum_{s=1}^{r} g_s \cdot R_s$$

Für eine Gegenüberstellung der Anforderungspotentiale als
quantifizierte Werte der Flexibilitätsanforderungen mit den
Flexibilitätsgraden bietet sich der relative Flexibilitätsgrad an, der durch folgende Formeln beschrieben werden kann:

$$(45) \qquad u_a = \frac{F_a}{R_a}$$

mit $\quad u_a \quad$ relativer Flexibilitätsgrad der Flexibilitätsart a

$$(46) \qquad u_s = \frac{F_s}{R_s}$$

mit $\quad u_s \quad$ relativer Flexibilitätsgrad des Subsystemes s

$$(47) \qquad u = \frac{F}{R}$$

mit $\quad u \quad$ relativer Flexibilitätsgrad eines Systems

Sind die Werte der relativen Flexibilitätsgrade kleiner 1,
so ist die vorhandene Flexibilität im Verhältnis zu den Flexibilitätsanforderungen nicht ausreichend. Betragen die Werte dagegen ein Vielfaches von 1, ist das Maß der vorhandenen
Flexibilität zu hoch und ihre sinnvolle Nutzung nicht gewährleistet.

In **Bild 29** ist eine zusammenfassende Übersicht zur Ermittlung des relativen Flexibilitätsgrades bei Gleichgewichtung
der Ausgangsgrößen für unterschiedlich komplexe Fallunter-
suchungen dargestellt.

Fall	1	2	3	4
Anzahl Subsysteme (s)	mehrere (r)	mehrere (r)	1	1
Anzahl Flexibilitätsarten (a)	mehrere (m)	1	mehrere (m)	1
ANFORDERUNGSPOTENTIALE — Anforderungspotential der Flexibilitätsart a des Subsystemes s	$R_{as} = \sqrt{R_{as_D} \cdot R_{as_I}}$			
Anforderungspotential des Subsystemes s	$R_s = \frac{1}{r} \sum_{s=1}^{r} R_{as}$	$R_s = \sqrt{R_{s_D} \cdot R_{s_I}}$		
Anforderungspotential der Flexibilitätsart a des Systemes	$R_a = \frac{1}{m} \sum_{a=1}^{m} R_{as}$		$R_a = \sqrt{R_{a_D} \cdot R_{a_I}}$	
Anforderungspotential des Systemes	$R = \frac{1}{r} \sum_{s=1}^{r} R_s$ $R = \frac{1}{m} \sum_{a=1}^{m} R_a$ $R = \frac{1}{r \cdot m} \sum_{s=1}^{r} \sum_{a=1}^{m} R_{as}$	$R = \frac{1}{r} \sum_{s=1}^{r} R_s$	$R = \frac{1}{m} \sum_{a=1}^{m} R_a$	$R = \sqrt{R_D \cdot R_I}$
FLEXIBILITÄTSGRADE — Flexibilitätsgrad der Flexibilitätsart a des Subsystemes s	$F_{asi} = \sqrt{P_{asi} (1-W_{asi})}$ $F_{as} = \mathrm{Max}\,(F_{asi})$			
Flexibilitätsgrad des Subsystemes s	$F_s = \frac{1}{m} \sum_{a=1}^{m} F_{as}$	$F_{si} = \sqrt{P_{si} (1-W_{si})}$ $F_s = \mathrm{Max}\,(F_{si})$		
Flexibilitätsgrad der Flexibilitätsart a des Systemes	$F_a = \frac{1}{r} \sum_{s=1}^{r} F_{as}$	$F_{ai} = \sqrt{P_{ai} (1-W_{ai})}$ $F_a = \mathrm{Max}\,(F_{ai})$		
Flexibilitätsgrad des Systemes	$F = \frac{1}{m \cdot r} \sum_{a=1}^{m} \sum_{s=1}^{r} F_{as}$ $F = \frac{1}{r} \sum_{s=1}^{r} F_s$ $F = \frac{1}{m} \sum_{a=1}^{m} F_a$	$F = \frac{1}{r} \sum_{s=1}^{r} F_s$	$F = \frac{1}{m} \sum_{a=1}^{m} F_a$	$F_i = \sqrt{P_i (1-W_i)}$ $F = \mathrm{Max}\,(F_i)$
RELATIVE FLEXIBILITÄTSGRADE — relativer Flexibilitätsgrad der Flexibilitätsart a des Subsystemes s	$u_{as} = \frac{F_{as}}{R_{as}}$			
relativer Flexibilitätsgrad des Subsystemes s	$u_s = \frac{F_s}{R_s}$	$u_s = \frac{F_s}{R_s}$		
relativer Flexibilitätsgrad der Flexibilitätsart a des Systemes	$u_a = \frac{F_a}{R_a}$	$u_a = \frac{F_a}{R_a}$		
relativer Flexibilitätsgrad des Systemes	$u = \frac{F}{R}$	$u = \frac{F}{R}$	$u = \frac{F}{R}$	$u = \frac{F}{R}$

Bild 29: Übersicht zur Ermittlung des relativen Flexibilitätsgrades bei Gleichgewichtung der Ausgangsgrößen

5.4 Beschreibung des systematischen Vorgehens zur Quantifizierung der Flexibilität eines Montagesystems

Aufbauend auf die im Abschnitt 5.3.3 erfolgten theoretischen Abklärungen, soll im folgenden ein systematisches Vorgehen zur Quantifizierung der Flexibilität von Montagesystemen erläutert werden, das sich in drei Blöcke gliedert:

- Analyse des Montagesystemes (Bild 30),
- Ermittlung des Flexibilitätsgrades des Montagesystemes (Bild 31),
- Bewertung der Flexibilität des Montagesystemes (Bild 31).

5.4.1 Analyse des Montagesystemes

Für die Analyse des Montagesystemes (Bild 30) ist das zu betrachtende Montagesystem genau zu definieren. Die Wahl der Systemgrenzen hat entsprechend dem gewünschten Erkenntnisinteresse zu erfolgen. Anhaltspunkte für die Systemgrenzen lassen sich jedoch häufig aus der Aufgabenstellung (z.B. Montage eines Produkttyps) oder aus einer räumlichen Zusammengehörigkeit ableiten.

Die Festlegung der Flexibilitätsanforderungen hat im konkreten Fall möglichst in quantifizierter Form zu erfolgen. Neben dem Ausmaß der Flexibilitätsanforderungen kommen zusätzlich der Häufigkeit sowie der Wahrscheinlichkeit ihres zukünftigen Auftretens eine große Bedeutung zu.

Bei der Ermittlung der alternativen Anpassungsmaßnahmen für die einzelnen Flexibilitätsarten sind auch die Erfüllungsmöglichkeiten der Flexibilitätsanforderungen festzuhalten. Das Kriterium einer Über- oder Untererfüllung darf dabei jedoch kein Ausschließungsgrund für eine bestimmte Anpassungsmaßnahme sein, da durch sie gegebenenfalls der quantifizierte Wert einer Flexibilitätsart in ihrer Höhe beeinflußt werden kann.

Die Voraussetzungen für alternative Anpassungsmaßnahmen be-
einflussen in starkem Maße die Ausgangsgrößen zur Ermittlung
der Potentiale für und der Widerstände gegen die alternativen Anpassungsmaßnahmen. Die Ausgangsgrößen für die Ermitt-

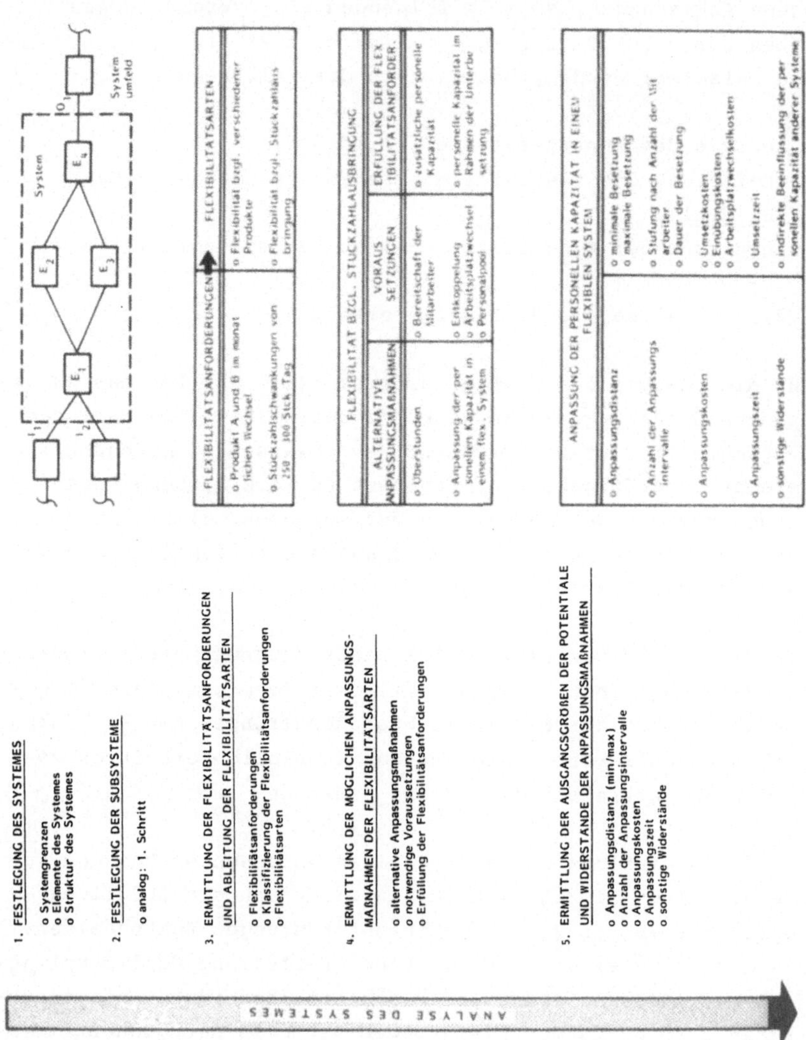

Bild 30: Systematisches Vorgehen zur Quantifizierung der
Flexibilität eines Systemes (Schritte 1-5)

- 95 -

lung der Potentiale für und der Widerstände gegen Anpassungsmaßnahmen sollten möglichst in quantifizierter Form erfaßt werden. In den Fällen, wo eine Quantifizierung schwer möglich ist, z.B. bei den "sonstigen Widerständen", sollte eine differenzierte Beschreibung und Abschätzung erfolgen.

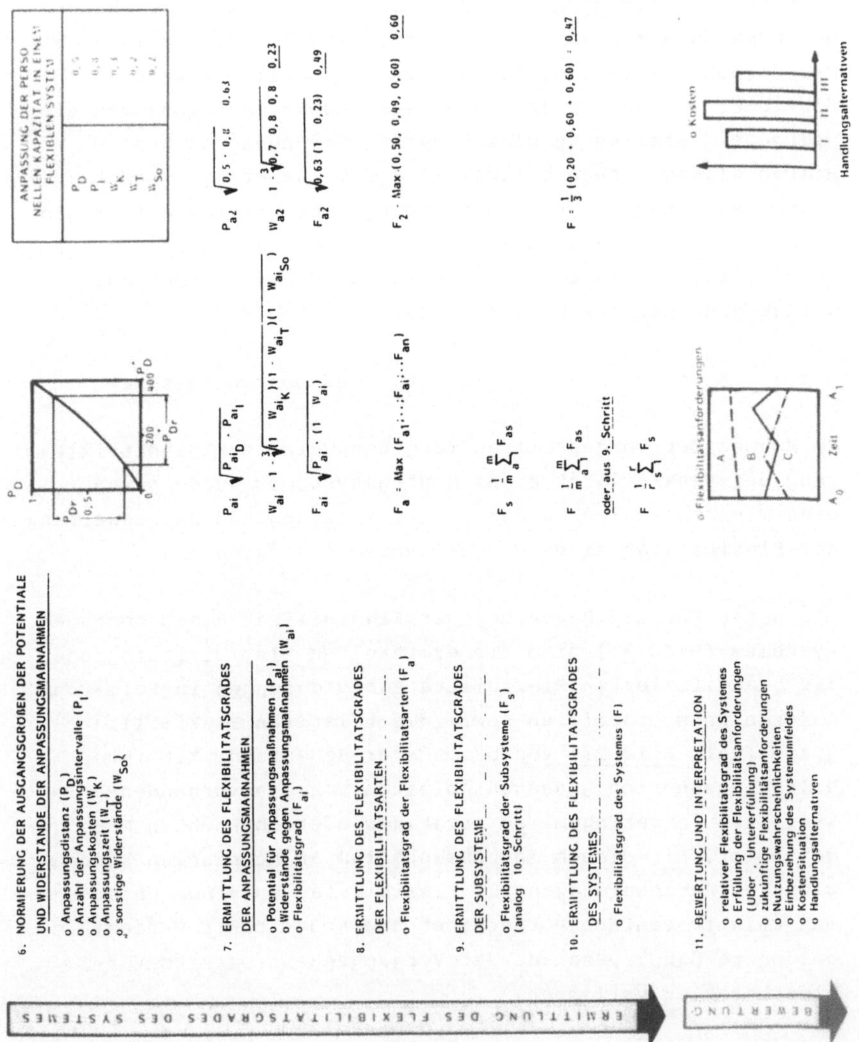

Bild 31: Systematisches Vorgehen zur Quantifizierung der Flexibilität eines Systemes (Schritte 6-11)

5.4.2 Ermittlung des Flexibilitätsgrades des Montagesystemes

Bei der Ermittlung des Flexibilitätsgrades des Montagesystemes (<u>Bild 31</u>) liegt eine besondere Schwierigkeit in der Normierung der Ausgangsgrößen der Potentiale und Widerstände
der Anpassungsmaßnahmen. Zur Normierung der Ausgangsgrößen
der Potentiale für Anpassungsmaßnahmen soll ein weitgehend
flexibles und der Widerstände gegen Anpassungsmaßnahmen ein
weitgehend starres Vergleichssystem herangezogen werden.
Hilfestellung können hierbei in erster Näherung bekannte bestehende Montagesysteme oder Lösungsalternativen aus vergangenen Planungsprojekten als Vergleichssysteme bieten, wenn
für sie die Anforderungen weitgehende Flexibilität bzw.
weitgehende Starrheit zutreffen.

5.4.3 Bewertung der Flexibilität des Montagesystemes

Im Rahmen der vorgestellten Vorgehensweise zur Quantifizierung der Flexibilität eines Montagesystemes wurde bewußt
eine Trennung zwischen der Quantifizierung und der Bewertung
der Flexibilität eines Montagesystemes vorgenommen.

Als Basis für die Bewertung der Flexibilität eines Montagesystemes (<u>Bild 31</u>) sind die ermittelten Flexibilitätsgrade,
die quantifizierten Flexibilitätsanforderungen in Form von
Anforderungspotentialen sowie die relativen Flexibilitätsgrade (vgl. <u>Bild 29</u>) von besonderer Bedeutung. Mit ihrer
Hilfe lassen sich Aussagen ableiten, ob die vorhandene Flexibilität in geringem, im richtigen oder überhöhten Maße gegeben ist. Mit diesem Instrumentarium an Kennzahlen können
wichtige Entscheidungen zur Flexibilität in einem Unternehmen relativ einfach vorbereitet und abgesichert werden, insbesondere dann, wenn aus der Vergangenheit bereits Ver-
gleichszahlen vorliegen.

Zur Unterstützung dieser Kennzahlen sollte in speziellen
schwierigen Fällen wiederum Bezug auf die direkten Aussagen

der Analyse des Montagesystemes (<u>Bild 30</u>) genommen werden.
Zusätzlich sind auch die Kosten detailliert zu betrachten,
die nach einer Anpassung im betrachteten Montagesystem, gegebenenfalls auch in vor- und nachgelagerten Bereichen, anfallen können. In Einzelfällen kann nämlich aufgrund der Höhe dieser längerfristig verursachten Kosten, die wesentlich
höher liegen können als die Kosten für die Anpassungsmaßnahme, der Sinn einer gewählten Anpassungsmaßnahme in Frage ge-
stellt werden.

Darüber hinaus sind als Vergleich neben der möglichen Nutzung der Flexibilität durch Anpassungsmaßnahmen gegebenenfalls weitergehende Handlungsalternativen zu entwickeln und
wirtschaftlich zu bewerten.

5.5 Bemerkungen zur Aussagefähigkeit des Flexibilitäts-
grades eines Montagesystemes

Der Flexibilitätsgrad eines Montagesystemes ist eine rechne-
risch ermittelte Kennzahl zur Beurteilung der Flexibilität.
Ausgehend von konkreten Informationen auf niedrigem Niveau
wird der Flexibilitätsgrad eines Montagesystemes auf einem
hohen Niveau verdichtet. Aufgrund der Komplexität der Sachverhalte sowie seines hohen Aggregationsgrades ist eine
rückwärts gerichtete Auflösung des Flexibilitätsgrades eines
Montagesystemes in Richtung seiner Ausgangsgrößen nicht möglich.

Darüber hinaus muß einschränkend vermerkt werden, daß bei
der Ermittlung des Flexibilitätsgrades des Montagesystemes
bestimmte Ungenauigkeiten in Kauf genommen werden, um den
Aufwand für die Quantifizierung zu reduzieren. Diese Ungenauigkeiten ergeben sich z.B. daraus, daß:

- nicht alle möglichen Anpassungsmaßnahmen berücksichtigt
  werden können,
- bei der Erfassung der Ausgangsgrößen der Potentiale für
  und der Widerstände gegen Anpassungsmaßnahmen Schätzfehler

gemacht werden können,
- bei der Normierung der Ausgangsgrößen Verzerrungen eintreten können,
- bei der Verdichtung der Werte vereinfachend Gleichgewichtung vorausgesetzt wird,
- die verschiedenen Ausgangsgrößen für einen verdichteten Wert auf einer höheren Ebene ausgleichend wirken und somit die Aussagekraft reduzieren können,
- gegebenenfalls bei der Kombination von Subsystemen eine Abweichung des Flexibilitätsgrades vom Mittelwert erfolgen kann (falls z.B. ein Subsystem für die Flexibilität einen Engpaß darstellt).

Ähnliche Einschränkungen wie für den Flexibilitätsgrad gelten auch für das Anforderungspotential für Anpassungsmaßnahmen und den relativen Flexibilitätsgrad. Nimmt man jedoch ihre Größenordnungen und nicht die exakten Werte als Beurteilungsmaßstab, so erhält man trotz obenstehender Einschränkungen sinnvolle Hinweise und Anregungen für Management-Entscheidungen. Bei konkreten Gestaltungs- und Anpassungsmaßnahmen (z.B. im Rahmen der Planung neuer Montagesysteme) müssen zusätzlich die weniger verdichteten, konkreten Informationen berücksichtigt werden.

5.6 Fallbeispiel zur Quantifizierung der Flexibilität eines Montagesystemes

Im folgenden soll an einem realisierten Fallbeispiel kurz das systematische Vorgehen zur Quantifizierung der Flexibilität eines Montagesystemes verdeutlicht werden.

5.6.1 Analyse der Flexibilität bezüglich Stückzahlausbringung

Bei dem zu untersuchenden Montagesystem handelt es sich um eine geplante Lösungsalternative zur Montage von Sprühgeräten. Das Layout für das geplante Montagesystem ist in Bild 32 dargestellt.

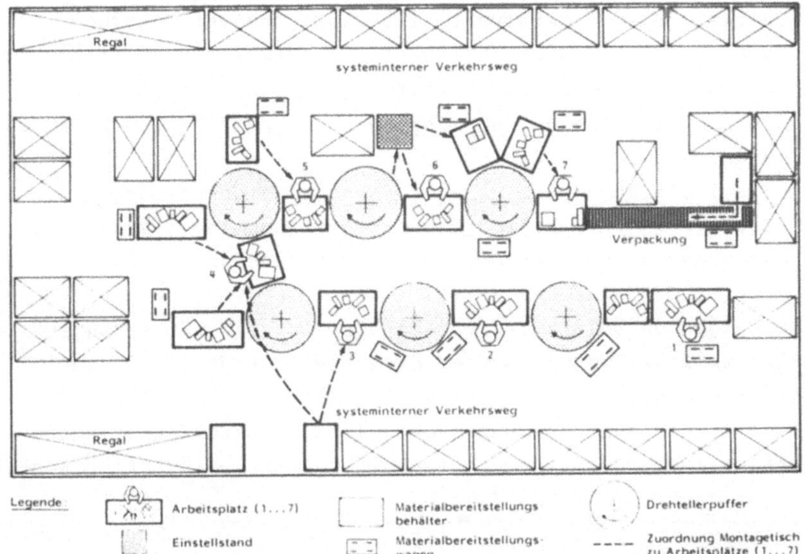

Bild 32: Layout der geplanten Arbeitsstruktur für Sprühgeräte

Das geplante Montagesystem besteht aus 7 Arbeitsplätzen (jedoch teilweise mehrere Montagetische). Der Arbeitstakt pro Arbeitsplatz beträgt ca. 4 min/Stck. Die Arbeitsplätze sind nach MTM-Richtlinien gestaltet, einfache pneumatische Vorrichtungen und Werkzeuge werden eingesetzt. Die einzelnen Arbeitsplätze sind durch Puffer entkoppelt, die jeweils ca. 10 Werkstücke aufnehmen können.

Zu Beginn des Planungsprozesses für das neue Montagesystem wurden folgende Soll-Flexibilitätsanforderungen als Zielsetzungen definiert:

o <u>Flexibilität bezüglich Stückzahlausbringung</u>: Kurzfristige, gestufte Anpassung der Stückzahlausbringung; maximale Ausbringung entsprechend der personellen Kapazität von 7 Mitarbeitern und minimale entsprechend von 1 Mitarbeiter,

o <u>Flexibilität bezüglich Personaleinsatz</u>: Kurzfristige Anpassungen der personellen Kapazität (s.o.); Funktionsfä-

higkeit des Montagesystemes bei personeller Unterbesetzung; Einlernfreundlichkeit; Tätigkeits- und Handlungsspielräume; Höherqualifizierungsmöglichkeiten,

o <u>Flexibilität bezüglich Störungen</u>: Begrenzung von Störungsauswirkungen,

o <u>Flexibilität bezüglich Betriebsmittel</u>: Umstellungen und
Verlagerungen; nachträgliche Einführung neuer Produkte;
Änderungen der Technologie und Höhermechanisierung.

Im folgenden soll beispielhaft die Flexibilität bezüglich
Stückzahlausbringung weiter diskutiert werden. Aus einer
größeren Anzahl von Anpassungsmaßnahmen zur Erfüllung der
Flexibilitätsanforderungen bezüglich Stückzahlausbringung
kristallisierten sich die im <u>Bild 33</u> kurz erläuterten Kon-

IST-KONZEPT	SOLL-KONZEPT
- Besetzung mit 7 Monteuren und indirektem Personal	- Besetzung max. mit 7 Mitarbeitern (für alle Arbeitsaufgaben)
- Ausbringung oberhalb absetzbarer Stückzahl	- Anpassung an schwankende Nachfrage durch personelle Unterbesetzung
- Montage auf Lager	- Abstufungen der Stückzahlanpassungen entsprechend des eingesetzten Personals
- zeitweilige Stillegung des Systems	- zeitweilig nicht benötigte Mitarbeiter als Springer für andere Systeme (Personalpool)
- Ausgleich der schwankenden Nachfrage über Lagerhaltung	- kontinuierlicher Betrieb
- Neuanläufe	
VORAUSSETZUNGEN:	**VORAUSSETZUNGEN:**
- niedrige Qualifikation der Mitarbeiter	- sehr hohe Qualifikation der Mitarbeiter
- keine organisatorischen Sonderregelungen	- hohe Ansprüche an Eigenverantwortlichkeit der Mitarbeiter
- keine Entkopplung durch Puffer erforderlich	- Arbeitsplatzwechselkonzept (Umsetzen entsprechend den Erfordernissen des Montageablaufs, z.B. aufgrund der Pufferfüllstände)
	- hohe Anforderungen an Materialbereitstellungsorganisation aufgrund wechselnder Ausbringung
	- technische Überdimensionierung des Systems
	- ausreichende Entkopplung durch Puffer
ABER:	
- ungünstigere Auslastung des indirekten Personals	
- Aufwand für Neuanläufe	**ABER:**
- hoher Fertigwarenbestand	- höhere Lohngruppen der Mitarbeiter aufgrund höherer Qualifikation

<u>Bild 33</u>: Alternative Konzepte zur Nutzung der Flexibilität
bezüglich Stückzahlausbringung

zepte als relevant heraus. Das "Ist-Konzept", deshalb diese
Bezeichnung, ähnelt dem Verhalten von Montagesystemen, wie
sie bisher in dem betrachteten Unternehmen üblich waren; das
"Soll-Konzept" stellt demgegenüber eine neuartige Lösung dar.

In **Bild 34** sind die Ausgangsgrößen des Potentials für und
der Widerstände gegen Anpassungsmaßnahmen der beiden Konzepte sowie das Potential für ein ideales flexibles Vergleichssystem, bei dem per Definition keine Widerstände gegen Anpassungsmaßnahmen auftreten, dargestellt.

Anpassungs-maßnahme	Potential für Anpassungs-maßnahmen		Widerstände gegen Anpassungs-maßnahmen		
	Distanz der Anpassungen	Anzahl der Anpassungs-intervalle	Anpassungs-kosten	Anpassungs-zeiten	sonstige Widerstände
ideales Vergleichssystem	0 - 244 Stck/Tag	17	./.	./.	./.
Soll-Konzept	0 - 200 Stck/Tag	15	- geringe Umsetzkosten - geringe Einübungs-kosten nach Umsetzen oder Arbeitsplatz-wechsel - geringe Kosten für Wartezeiten	- geringe Umsetzzeiten - geringe Einübungs-zeiten - geringe Arbeitsplatz-wechselzeiten - geringe Wartezeiten	- Widerstände wegen neuem Konzept - personelle Wider-stände gegen Umsetzung - niedrige Transpa-renz des Montage-fortschritts
Ist-Konzept	0 - 244 Stck/Tag	3	- Kosten für schlechte Auslastung des indirekten Personals - Kosten für Neuanläufe nach Montagesystem-stillstand - hohe Kosten für Fertig-produktelager zur Über-brückung der Montage-systemstillstandszeiten	- Anlaufzeiten nach Montagesystem-stillstand	- Widerstände gegen zeitweises Umsetzen - organisatorische Widerstände bei Neuanlauf (z.B. Materialbereit-stellung

Bild 34: Ausgangsgrößen des Potentiales für und der Widerstände gegen Anpassungsmaßnahmen ("Soll-" und
"Ist-Konzept")

5.6.2 Ermittlung des Flexibilitätsgrades bezüglich Stück-zahlausbringung

Die normierten Werte der Ausgangsgrößen des Potentiales für
Anpassungsmaßnahmen entsprechend dem "Soll-" und "Ist-Konzept" wurden auf Basis des idealen flexiblen Vergleichssystemes errechnet, indem lineare Abhängigkeiten angenommen
wurden. Die normierten Werte der Widerstände gegen Anpassungsmaßnahmen wurden jeweils geschätzt (**Bild 35**). Der Flexibilitätsgrad bezüglich Stückzahlausbringung des Montagesystemes wird durch das "Soll-Konzept" festgelegt, da das
"Soll-Konzept" einen wesentlich höheren Flexibilitätsgrad
ergibt als das "Ist-Konzept".

Anpassungs-maßnahme	Potential für Anpassungs-maßnahmen			Widerstände gegen Anpassungs-maßnahmen				Flexibilitäts-grad (F)
	Distanz der Anpassungen (P_D)	Anzahl der Anpassungs-intervalle (P_I)	Potential für Anpassungen (P)	Anpassungs-kosten (W_K)	Anpassungs-zeiten (W_T)	sonstige Widerstände (W_{So})	Widerstände gegen Anpassungen (W)	
Soll-Konzept	0,82	0,88	0,85	0,25	0,25	0,50	0,34	0,75
Ist-Konzept	1,0	0,18	0,42	0,75	0,50	0,50	0,60	0,41

Bild 35: Ermittlung des Flexibilitätsgrades bezüglich Stückzahlausbringung ("Soll-" und "Ist-Konzept")

5.6.3 Bewertung und Interpretation

Im **Bild 36** sind die Werte für die erforderliche, die tatsächliche (entsprechend dem "Soll-Konzept") sowie die relative Flexibilität bezüglich Stückzahlausbringung einander gegenübergestellt. Da die Werte für die tatsächliche Flexibilität jeweils höher sind als für die erforderliche, ergeben sich relative Werte größer 1. Die Flexibilitätsanforderungen bezüglich Stückzahlausbringung sind also in ausreichendem Maße durch die möglichen Anpassungsmaßnahmen entsprechend dem "Soll-Konzept" erfüllt.

	erforderliche Flexibilität		tatsächliche Flexibilität		relative Bewertung der Flexibilität
	Ausgangs-größen	normierte Werte	Ausgangs-größen	normierte Werte	
Anpassungsdistanz	0 - 84 Stck/Tag	0,34	0 - 200 Stck/Tag	0,82	2,41
Anzahl Anpassungs-intervalle	6	0,35	15	0,88	2,51
Potential für Anpassungen	./.	0,35	./.	0,85	2,43
Widerstände gegen Anpassungen	./.	./.	./.	0,34	./.
Flexibilitätsgrad des Montagesystems	./.	0,35	./.	0,75	2,14

Bild 36: Flexibilitätsgrade bezüglich Stückzahlausbringung

Zur Absicherung der Entscheidung für obenstehende Anpassungsmaßnahmen wurden zusätzlich die beiden unterschiedlichen Betriebsweisen des Montagesystemes (entsprechend "Soll-" und "Ist-Konzept") einer detaillierteren Wirtschaftlichkeitsbetrachtung unterzogen (**Bild 37**). Als Ergebnis kann

festgehalten werden, daß das "Soll-Konzept" (kontinuierli-
cher Betrieb, Anpasssung durch personelle Unterbesetzung) zu
einer günstigeren Kostensituation führt als das "Ist-Konzept" (diskontinuierlicher Betrieb, zeitweise Stillegung des
Montagesystemes, bei Betrieb konstante Personalbesetzung),
bei dem zusätzlich insbesondere Anlaufverluste und erhöhte
Zinskosten durch das gebundene Fertigwaren-Kapital anfallen.

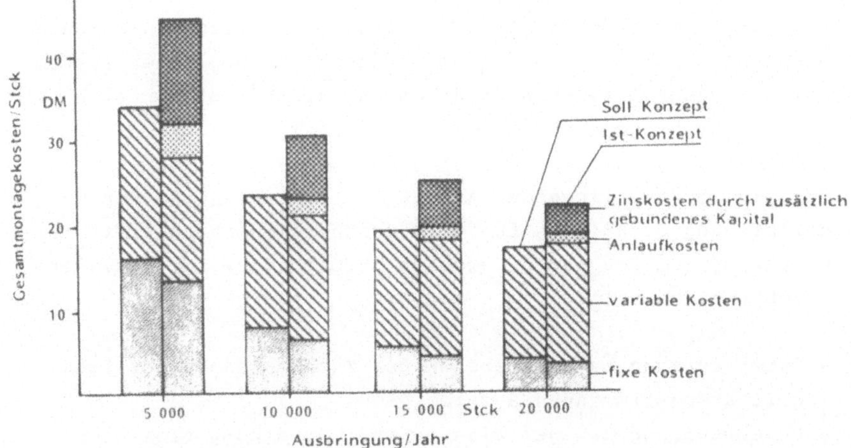

Bild 37: Gesamt-Montagekosten pro Jahr mit Anlaufverlusten
und Zinskosten

Die notwendigen Voraussetzungen entsprechend des "Soll-Konzeptes" für Anpassungsmaßnahmen zur Erfüllung der Flexibilitätsanforderungen bezüglich Stückzahlausbringung, z.B. die
hohe erforderliche Qualifikation der Mitarbeiter, die aus-
reichende Entkopplung sowie das Arbeitsplatzwechsel-Konzept,
sind größtenteils auch zur Erfüllung der übrigen Flexibilitätsanforderungen des Montagesystemes notwendig bzw. förderlich. In dem betrachteten Unternehmen wurde deshalb eine
Entscheidung für die geplante Arbeitsstruktur unter Berücksichtigung des "Soll-Konzeptes" getroffen und eine Realisierung herbeigeführt, wobei jedoch unter dem Blickwinkel der
Wiederverwendbarkeit vorhandener Betriebsmittel gegenüber
dem gezeigten Layout (**Bild 32**) geringfügige Modifikationen
vorgenommen wurden.

Bei der Planung flexibler Montagesysteme ist über die technische Auslegung hinaus auch das dynamische Verhalten zu
analysieren und zu berücksichtigen. Dies gilt insbesondere
für die Bestands-Flexibilität von Montagesystemen, bei der
kurzfristige Anpassungsmaßnahmen durchgeführt werden müssen.
Um geeignete Steuerungsstrategien zum Betreiben eines Montagesystemes mitplanen zu können, müssen die möglichen Systemabläufe nachvollzogen werden können. Hierfür bieten sich Simulationsverfahren an.

Ein Ziel der vorliegenden Arbeit ist es, mit Hilfe der Modellbildung Grundlagen für eine Rechnersimulation flexibler
Montagesysteme zu legen, wodurch insbesondere folgendes erreicht werden soll:

- Unterstützung beim Verstehen der Zusammenhänge der flexibilitätsbestimmenden Systemgrößen,
- Unterstützung bei der Planung und Gestaltung flexibler
  Montagesysteme,
- Unterstützung bei Modelländerungen.

6.1   Problematik der Modellbildung für flexible Montagesysteme

Montagesysteme und insbesondere flexible Montagesysteme können in zahlreichen unterschiedlichen Modifikationen auftreten. Im Gegensatz zu relativ starren Montagesystemen besitzen flexible darüber hinaus eine Vielzahl von Verhaltensmöglichkeiten zur Erfüllung unterschiedlicher Flexibilitätsanforderungen. Es kann deshalb hinsichtlich flexibler Montagesysteme von einer "organisierten Komplexität" im Sinne von
Weaver /56/ gesprochen werden, da simultan eine umfangreiche
Anzahl von Faktoren zu berücksichtigen sind, die in einer
organisatorischen Gesamtheit miteinander verknüpft sind.

Aufgrund der hohen Komplexität der flexiblen Montagesysteme
ist eine einmalige, alles umfassende, allgemeingültige Modellbildung wegen des hohen Aufwandes.nicht möglich und
sinnvoll. Vielmehr müssen zu entwickelnde Methoden zur Modellbildung für flexible Montagesysteme einerseits eine Beschränkung auf bestimmte interessierende Fragestellungen erlauben, andererseits gleichzeitig, aber ohne großen Aufwand
für weitere Fragestellungen offen sein.

6.2 Ziele der Modellbildung und Simulation flexibler Montagesysteme

Mit Hilfe der Modellbildung und Simulation von flexiblen
Montagesystemen soll es ermöglicht werden, das Systemverhalten von bestehenden oder zu planenden Montagesystemen bei
Anpassungsmaßnahmen zur Erfüllung tatsächlicher oder voraus-
sichtlicher Flexibilitätsanforderungen reproduzierbar nach-
zuvollziehen. Dadurch soll insbesondere erreicht werden:

- Abklärung der Wirkungszusammenhänge in flexiblen Montage-
  systemen,
- Abklärung der möglichen Anpassungsmaßnahmen bzw. Steue-
  rungsstrategien,
- Ermittlung der flexibilitätsbestimmenden Systemgrößen,
- Ermittlung von Schwachstellen bezüglich der Flexibilität,
- Ableitung von Hinweisen auf zu planende Voraussetzungen
  für wichtige Anpassungsmaßnahmen.

Die dabei gewonnenen Erkenntnisse lassen sich in der betrieblichen Praxis in folgender Weise nutzen:

- als ergänzende Basisdaten für eine quantifizierende Beurteilung der Flexibilität von Montagesystemen,
- als Entscheidungsgrundlagen für die Auswahl bestimmter Anpassungsmaßnahmen im konkreten Anpassungsfall aufgrund
  einer bestehenden Flexibilitätsanforderung, um die vorhandene Flexibilität optimal zu nutzen,
- als Entscheidungsgrundlage für die Auswahl und Realisie-

rung zusätzlicher Voraussetzungen für Anpassungsmaßnahmen
in bestehenden Montagesystemen, um die Flexibilität zu erhöhen,
- als Entscheidungsgrundlage für die Festlegung der zweckmäßigen Flexibilität in zu planenden Montagesystemen.

6.3 Modell zur Beschreibung von Ablaufvorschriften und Steuerungsstrategien eines flexiblen Montagesystemes

Eine zentrale Bedeutung für das Systemverhalten flexibler
Montagesysteme kommt den Ablaufvorschriften und Steuerungsstrategien zu. Ablaufvorschriften beschreiben Regeln für die
Systemabläufe, z.B. hinsichtlich des Werkstückflusses.
Steuerungsstrategien beinhalten Entscheidungen, wie beispielsweise Flexibilitätsanforderungen ausgehend von dem aktuellen Systemzustand erfüllt werden sollen. Diese Entscheidungen werden größtenteils während des Betreibens von Montagesystemen von Menschen getroffen, die Steuerungsstrategien
repräsentieren also menschliches Wissen.

6.3.1 Ein Modell der menschlichen Informationsverarbeitung

Um zu einer für den Menschen geeigneten Form der Repräsentation von Steuerungsstrategien - d.h. also menschliches
Wissen - für flexible Montagesysteme zu gelangen, wird das
von Newell und Simon /57/ zu Beginn der 60er Jahre entwickelte Modell des menschlichen Denkens zugrunde gelegt.
Diese Ansätze und Modelle des menschlichen Denkens werden im
Bereich der "Künstlichen Intelligenz" zur Repräsentation von
Wissen im Computer verwendet. Newell und Simon gehen von dem
in **Bild 38** dargestellten Modell der menschlichen Informationsverarbeitung aus.

Dieses Modell des menschlichen Denkens unterstellt, daß der
Mensch ein Problem löst, indem er schrittweise über einzelne
Zustände den Abstand zwischen dem augenblicklichen Ausgangszustand und dem gewünschten Zielzustand in einem Problemraum
reduziert.

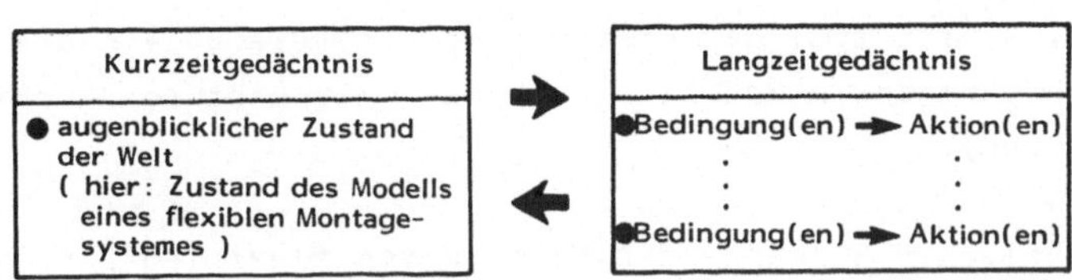

Bild 38: Modell der menschlichen Informationsverarbeitung

6.3.2 Objektorientierte Produktionssysteme

Entsprechend dem Modell der menschlichen Informationsverarbeitung von Newell und Simon /57/ kann menschliches Wissen
durch "Produktionsregeln" (PR) repräsentiert werden. Eine
Produktionsregel hat dabei die Form:

(Bedingung(en)) - (Aktion(en)).

Mehrere Produktionsregeln bilden ein "Produktionssystem"
(PS). Diese Bezeichnung ist im Bereich der "Künstlichen Intelligenz" fest verankert und wird auch hier, obwohl die Gefahr der Verwechslung zu Systemen in der eigentlichen Produktion besteht, verwendet. Werden die Produktionsregeln der
Produktionssysteme nach Objekten gegliedert, so erhält man
objektorientierte Produktionssysteme./58/.

Bei der Beschreibung von Ablaufvorschriften und Steuerungsstrategien tritt das Problem der Strukturierung der Be-
schreibungselemente, hier der Produktionsregeln, in besonders starkem Maße auf. Basierend auf jüngeren Ansätzen der
Kognitionswissenschaft und der "Künstlichen Intelligenz" -
("frame-paradigma" von Minsky /59/) kann Wissen objektorientiert gegliedert werden. Als Objekt kann jedes Wissen über
etwas bezeichnet werden.

Für jedes Objekt, das der Betrachter als Einheit auffaßt und
somit auch gedanklich verarbeiten kann, werden stereotypi-
sche Abläufe mit Hilfe von Produktionsregeln beschrieben.
Jedes Objekt umfaßt alles für das Systemmodell relevante

Wissen. So ist z.B. das Wissen über den Personaleinsatz in
Montagesystemen im Modell _ein_ Objekt (mit mehreren Nachfol-
geobjekten).

Die statischen Elemente des Modells von flexiblen Montagesystemen werden genauso wie die Relationen (Systemabläufe
und Steuerungsstrategien) durch Objekte beschrieben. In diesen Objekten werden der Zustand eines Systemelementes, At-
tribute, Einschränkungen und das dynamische Verhalten festgelegt, so daß mit ihrer Hilfe das komplexe Systemverhalten
im ganzen beschrieben werden kann.

Die Notation von Steuerungsstrategien durch objektorientierte Produktionssysteme repräsentiert die Zeit nur dadurch,
daß die durch eine Aktion (z.B. Anpassungsmaßnahme) veränderte "Welt" (z.B. Modell eines flexiblen Montagesystemes)
jeweils erneut den Bedingungsteil einer oder mehrerer anderer Produktionsregeln erfüllt. Die Bedingungsteile der Produktionsregeln werden dabei der Reihe nach geprüft. Die
Priorität der Produktionsregeln wird also durch ihre Reihenfolge im Produktionssystem dargestellt.

Mit Hilfe von objektorientierten Produktionssystemen können
im Gegensatz zu üblicherweise verwendeten ablauforientierten
Darstellungen Systeme und Systemabläufe formal wesentlich
allgemeiner, dennoch der natürlichen Betrachtungs- und Denk-
weise angepaßt beschrieben werden. Objektorientierte Produktionssysteme können die Basis für weitergehende Problemlösungsverfahren, z.B. umfangreiche Simulationsprogramme oder
Expertensysteme, legen.

6.3.3   Beispiel für objektorientierte Produktionssysteme

Im _Anhang A.2_ sind beispielhaft objektorientierte Produktionssysteme für Steuerungsstrategien und Ablaufvorschriften
zur Erfüllung von Flexibilitätsanforderungen bezüglich Störungen und Personaleinsatz in flexiblen Montagesystemen angegeben. Die dort aufgeführten Produktionsregeln stellen den

jetzigen Forschungsstand dar und erheben keinen Anspruch auf
Vollständigkeit.

Zur besseren Verständlichkeit der Modellbildung für Steuerungsstrategien und Ablaufvorschriften in flexiblen Montagesystemen soll im folgenden an einem Beispiel die Funktions-
weise objektorientierter Produktionssysteme erläutert
werden. Es wurde dabei absichtlich ein kleines,
überschaubares Montagesystem (Bild 39) zugrunde gelegt.

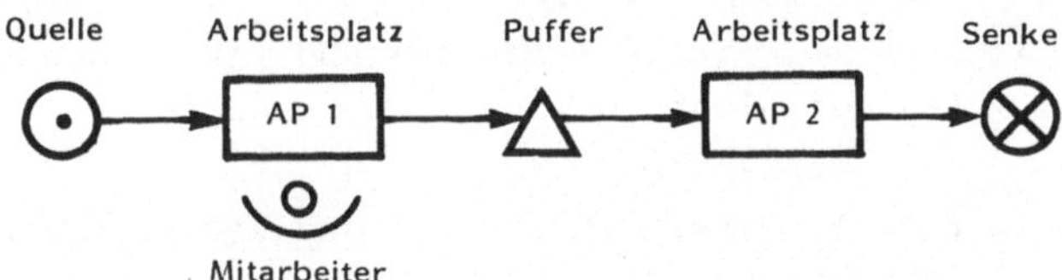

Bild 39: Modell eines kleinen Montagesystemes (Beispiel)

Das Modell dieses kleinen Montagesystemes bei einer objektorientierten Beschreibung ist in Bild 40 dargestellt.

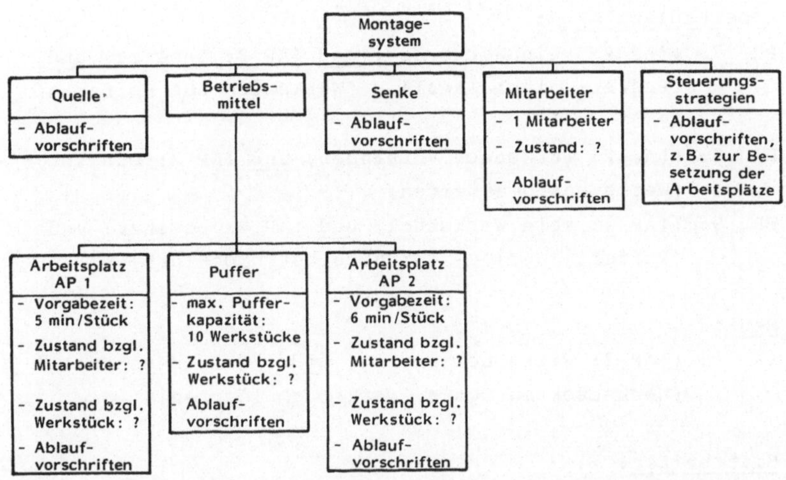

Bild 40: Modell eines Montagesystemes bei objektorientierter
Beschreibung (Beispiel)

Im folgenden sollen die Ablaufvorschriften der Objekte des
Montagesystemes anhand von Produktionsregeln näher erläutert
werden:

o <u>Quelle</u>:
PR 1: ((AP 1: kein Werkstück) <u>und</u> (AP 1: besetzt)) -
       (Quelle generiert Werkstück, Werkstück an AP 1)

o <u>Arbeitsplatz AP 1</u>:
PR 2: ((AP 1: Werkstück vorhanden) <u>und</u> (AP 1: besetzt)) -
       (Werkstück bearbeiten)
PR 3: ((AP 1: Werkstück fertig) <u>und</u> (AP 1: besetzt) <u>und</u>
       (Puffer nicht voll)) - (Werkstück an Puffer, AP 1:
       kein Werkstück)
PR 4: ((AP 1: Werkstück fertig) <u>und</u> (AP 1: besetzt) <u>und</u>
       (Puffer: voll)) - (Mitarbeiter blockiert)

o <u>Puffer</u>:
PR 5: (Werkstück an Puffer) - (Pufferinhalt +1)
PR 6: (Werkstück aus Puffer) - (Pufferinhalt -1)

o <u>Arbeitsplatz AP 2</u>:
PR 7: ((AP 2: kein Werkstück) <u>und</u> (AP 2: besetzt) <u>und</u>
       (Puffer: nicht leer)) - (Werkstück aus Puffer an
       AP 2)
PR 8: ((AP 2: Werkstück vorhanden) <u>und</u> (AP 2: besetzt)) -
       (Werkstück bearbeiten)
PR 9: ((AP 2: kein Werkstück) <u>und</u> (AP 2: besetzt) und
       (Puffer: leer)) - (Mitarbeiter blockiert)

o <u>Senke</u>:
PR 10: ((AP 2: Werkstück fertig) <u>und</u> (AP 2: besetzt)) -
       (Werkstück an Senke, Werkstück löschen)

o <u>Mitarbeiter</u>:
PR 11: (Mitarbeiter blockiert) - (Mitarbeiter frei für
       Umsetzen)

o <u>Steuerungsstrategien</u>:

  PR 12: ((Mitarbeiter frei für Umsetzen) <u>und</u> (Puffer: nicht
       voll)) - (Mitarbeiter an AP 1)

  PR 13: ((Mitarbeiter frei für Umsetzen) <u>und</u> (Puffer: nicht
       leer)) - (Mitarbeiter an AP 2)

Zur Beschreibung des Systemablaufes werden im folgenden nur
die Nummern der Produktionsregeln PR 1 - 13 angegeben. Als
Ausgangszustand wird dabei angenommen, daß der Mitarbeiter
sich am Arbeitsplatz AP 1 befindet, der Puffer 6 Werkstücke
enthält und gerade ein neues Werkstück zum Arbeitsplatz AP 1
gelangt.

Zuerst werden die PR 1 und PR 2 angewendet. Nach der Vorgabezeit von fünf Minuten für das Werkstück an Arbeitsplatz
AP 1 sind die Bedingungen für die PR 3 erfüllt. Dadurch wird
die PR 5 (der Puffer enthält jetzt sieben Werkstücke) angewendet. Dieser Zyklus über die PR 1, PR 2, PR 3 und PR 5
wird solange durchlaufen, bis die Bedingungen für PR 4 anstelle der PR 3 gültig werden (Puffer ist voll bei zehn
Werkstücken).

Aufgrund der PR 4, PR 11 und PR 13 erfolgt ein Umsetzen des
Mitarbeiters an den Arbeitsplatz AP 2.

Nach dem Umsetzen des Mitarbeiters an den Arbeitsplatz AP 2
werden die PR 7, PR 6 und PR 8 angewendet. Nach der Vorgabezeit von 6 Minuten für das Werkstück am Arbeitsplatz AP 2
gelten die Bedingungen für die PR 10. Dieser Zyklus über die
PR 7, PR 6, PR 8 und PR 10 wird zehnmal durchlaufen, bis der
Puffer leer ist und somit anstelle der PR 7 die PR 9 gültig
wird.

Aufgrund der PR 9, PR 11 und PR 12 erfolgt nun wiederum ein
Umsetzen des Mitarbeiters an den Arbeitsplatz AP 1.

Die PR 1 bis PR 11 stellen Ablaufvorschriften dar, PR 12 und
PR 13 sind sehr einfach formulierte Steuerungsstrategien.

6.4 Modellverifikation

Das Ziel der Modellverifikation besteht in dem Nachweis der
formalen, algorithmischen Beschreibbarkeit realitätsnaher
Systemabläufe in flexiblen Montagesystemen mit Hilfe von objektorientierten Produktionssystemen. Es kann und soll nicht
das Ziel sein, eine vollständige Beschreibung der Steuerungsstrategien anzugeben. Im folgenden soll an einem ein-
fachen Modell mit Hilfe der manuellen Simulation (Bild 41)
das Modellverhalten für einige bestimmte Problemstellungen
erzeugt werden. Durch eine Überprüfung der Plausibilität des
Modellverhaltens wird das entwickelte Modell verifiziert.
Der Simulation wird dabei das in Abschnitt 4.1 vorgestellte
Modell flexibler Montagesysteme in Verbindung mit den im Abschnitt 6.3 und im Anhang A.2 teilweise dargestellten Ablaufvorschriften und Steuerungsstrategien zugrunde gelegt.

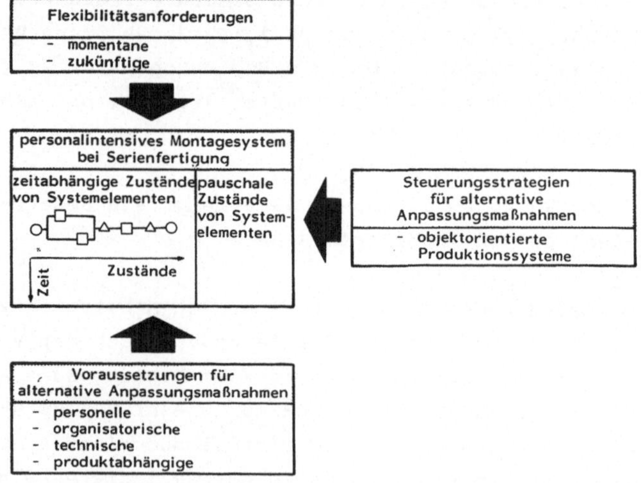

Bild 41: Modell zur Simulation flexibler Montagesysteme

Zu Beginn der Simulation muß der Ausgangszustand festgelegt
werden. Anschließend wird jeweils, ausgehend von einem gegebenen Zustand in einem bestimmten Zeitpunkt, der nachfolgende Zustand und dessen Zeitpunkt ermittelt. Hierbei können
die Ablaufvorschriften und Steuerungsstrategien in Form von

objektorientierten Produktionssystemen zur Berechnung oder
Abschätzung des nachfolgenden Zustandes eine gute Hilfestellung leisten. Zur Formulierung der objektorientierten Produktionssysteme geben die Übersichten in den <u>Bildern 16-21</u>
erste Hinweise.

Sollen Anpassungsmaßnahmen zur Erfüllung von Flexibilitätsanforderungen mit dem Modell simuliert werden, stellt man
nacheinander oder in Kombination verschiedene Flexibilitätsanforderungen an das Montagesystem. Mit Hilfe von Steuerungsstrategien für alternative Anpassungsmaßnahmen können
die Entscheidungen über die Systemabläufe formalisiert nachvollzogen werden.

Mit der formalen Beschreibung der Anpassungsmaßnahmen
(Steuerungsstrategien) durch objektorientierte Produktionssysteme ist es möglich, alle wesentlichen, reproduzierbaren
und begründbaren Entscheidungen derart formal zu beschreiben, daß sie auf einfache Weise (lokal) verändert, erweitert
oder reduziert werden können. Dieser Aspekt ist bei der Modellverifikation besonders zu beachten, da keine universel-
le, allgemeingültige Beschreibung der Steuerungsstrategien
angegeben werden kann. Es ist also nur entscheidend, daß <u>al-
le</u> relevanten <u>Entscheidungen</u> mit dem vorgestellten Modell
<u>beschrieben werden können</u>. Aufgrund dieser formalen Be-
schreibung mit Hilfe objektorientierter Produktionssysteme
ist es möglich, ein Simulationsprogramm zu implementieren,
das jeweils an aktuelle Montagesystemuntersuchungen angepaßt
werden kann.

6.5 Beispiel für die Simulation eines flexiblen Montagesystemes

Im folgenden soll anhand des in Abschnitt 5.6, <u>Bild 32</u>, dargestellten Montagesystemes beispielhaft eine manuelle Simulation durchgeführt werden. Es sollen dabei Flexibilitätsanforderungen bezüglich Personaleinsatz sowie zusätzlich bezüglich Störungen untersucht werden.

Die im Beispiel festgelegten Voraussetzungen sind <u>Bild 42</u> zu
entnehmen. Die Beschreibung der Simulation des Montagesystemes bei Flexibilitätsanforderungen bezüglich Personaleinsatz ist den <u>Bildern 43 und 44</u> zu entnehmen. <u>Bild 43</u> be-
schreibt dabei die Zustände an den Arbeitsplätzen und in den
Puffern und <u>Bild 44</u> einen Zeit- und Organisationsplan für
sonstige Tätigkeiten.

Anzahl Arbeitsplätze	7 Montage sowie 1 indirekte Tätigkeiten (Führungsaufgaben, Materialbereitstellung, Nacharbeit usw.)
Zykluszeit pro Arbeits- platz	4 min /Stück
Pufferkapazität (max.)	10 Werkstücke
Mitarbeiter (MA)	Anzahl: 6 Qualifikation: jeder Mitarbeiter beherrscht jeden Arbeitsplatz
Arbeitszeiten	Arbeitsbeginn: 7.30 Uhr Arbeitsende: 16.15 Uhr Pausen: siehe <u>Bild 44</u>
Nacharbeit	Häufigkeit: pro 10 Werkstücke, die an Arbeits- platz 6 bearbeitet werden, fällt 1 Nacharbeit an Dauer: ∅ 10 min /Stck
Arbeitsplatzwechsel	Der Arbeitsplatz muß verlassen werden, wenn - der vorgelagerte Puffer leer oder - der nachgelagerte Puffer voll ist. Die Auswahl des neuen Arbeitsplatzes erfolgt nach folgender Fragehierarchie: 1. welche Plätze sind frei? 2. wo ist die Differenz zwischen vor- und nachgelagertem Puffer am größten?
persönliche Verteil- zeiten	25 Minuten pro Mitarbeiter pro Schicht Dauer: 1, 4, 8, 12 min Verteilzeitnahme: beliebig, siehe <u>Bild 44</u>
Ausgangszustand Montagesystem	Pufferfüllstand: je 5 Werkstücke Mitarbeiter: MA2 bis MA6 im Montagesystem tätig MA1 indirekte Tätigkeiten sowie Tätigkeit im Montagesystem

<u>Bild 42</u>: Voraussetzungen zur Durchführung einer Simulation
(Beispiel)

Die Flexibilitätsanforderungen bezüglich Personaleinsatz ergeben sich in dem untersuchten Montagesystem daraus, daß nur
6 Mitarbeiter eingesetzt werden, aber 7 Montagearbeitsplätze
vorhanden sind und darüber hinaus von den 6 Mitarbeitern
auch noch sonstige Tätigkeiten, z.B. Umfeldaufgaben, abge-
deckt werden müssen. Da also mehr Arbeitsplätze als Mitarbeiter vorhanden sind, muß zwangsweise entsprechend den Er-
fordernissen des Montageablaufes ein Umsetzen von Mitarbeitern an andere Arbeitsplätze erfolgen.

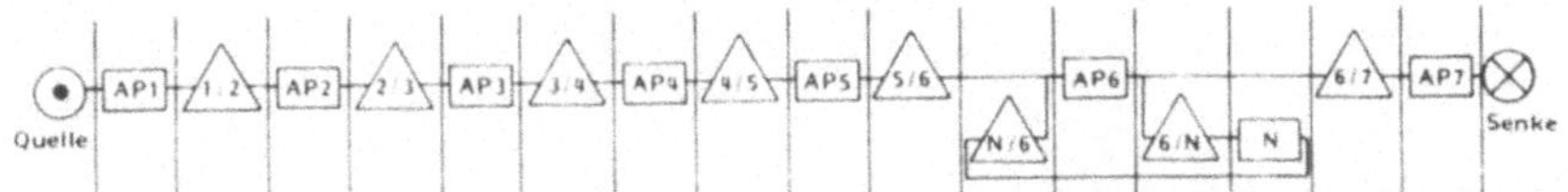

Zeitpunkt	Dauer (Min.)	Besetzung AP1	Puffer 1/2	Besetzung AP2	Puffer 2/3	Besetzung AP3	Puffer 3/4	Besetzung AP4	Puffer 4/5	Besetzung AP5	Puffer 5/6	Puffer N/6	Besetzung AP6	Puffer 6/N	Besetzung N	Puffer 6/7	Besetzung AP7	Ausbringung
7.30	20	MA2	5	MA3	5	MA4	5	MA5[I]	5	MA6	5	5		5		5		
7.50	8	MA2	5	MA3[II]	5	MA4	6	MA5	4		10	5	MA6	5		5		–
7.58	12	MA2	7	MA3	3	MA4	6	MA5	6	MA1	8	5	MA6	5		7		–
8.10	8	–	7	MA3	3	MA4[III]	6	MA5	6	MA1	8	5	MA6	5		10		–
8.18	16	–	5	MA3	5	MA4	4	MA5	6		8	5	MA6	5		10	MA2	2
8.34	20	–	1		5	MA4	4	MA5	10	MA3	4	5	MA6	6		9	MA2	4
8.54	4	MA4	1		0		4	MA5	10	MA3	4	5	MA6[IV]	6		9	MA2	5
8.58	Pause	–	2		0		3	MA5	10	MA3	5	5	MA6	6		8	MA2	1
9.13	12	MA4	5		0		0	MA5	10	MA3	5	5	MA6	7		7	MA2	3
9.25	36	MA4	5	MA5	9		0		1	MA3	5	5	MA6	8		9	MA2[I]	6
10.01	4	MA4	6	MA5[II]	8	MA3	1		0	MA1	5	5	MA6	8		9	MA2	1
10.05	4	MA4	7	MA5[II]	7	MA3	1	MA1	1		5	5	MA6	8		9	MA2	1
10.09	12	MA4	7	MA5	7	MA3	4		1		5	5	MA6	8		9	MA2	3
10.21	Pause	MA4	7	MA5	7	MA3	4		1		5	5		8		9		
10.31	8	MA4	7	MA5	7	MA3	6	MA6[I]	1		5	5		7	MA1	7	MA2	2
10.39	16	MA4	7	MA5	7	MA3	6	MA6	2	MA1	6	6		7		3	MA2	4
10.55	12	MA4[II]	4	MA5	7	MA3	6	MA6	5		6	6		7		0	MA2	3
11.07	20	MA4	4	MA5	7	MA3	6	MA6	10		5	6	MA2	8		4		
11.27		MA4	4	MA5	7	MA3	6											

Bild 43: Simulation des Montagesystemes bei Flexibilitätsanforderungen bezüglich Personaleinsatz (Beispiel)

Als Ergebnis der Simulation des Montagesystemes bei Flexibilitätsanforderungen bezüglich Personaleinsatz können beispielsweise Aussagen gemacht werden über die Arbeitsplatzwechselhäufigkeiten der Mitarbeiter, die minimalen, durchschnittlichen oder maximalen Besetzungsdauern der Mitarbei-

Zeit	persönliche Verteilzeiten						Tätigkeiten MA1				Änderungen aufgrund von Störung
	MA1	MA2	MA3	MA4	MA5	MA6	Führungstätigkeit	Material-bereitstellung	Montage-tätigkeit	Sonstiges	
7.30			II 8 min	III 8 min	I 4 min	IV 4 min	7.30 - 7.40 Personaleinsatz steuern 7.40 - 7.45 Materialverfügbarkeitskontrolle 7.45 - 7.58 externe Kontakte		7.58 - 8.18		
							8.18 - 8.20 externe Kontakte	8.20 - 9.00			
9.00	Pause							9.15 - 10.00			
9.15	8 min	I 12 min			II 8 min				10.00 - 10.12	10.12 - 10.20 Verteilzeit	MA1 : 10.00 - 10.20 Material bereitstellung
10.20 10.30	Pause 12 min		III 4 min	II 12 min		I 8 min			10.40 - 10.58	10.30 - 10.40 Nacharbeit 10.58 - 11.10 Verteilzeit	11.20 - 11.29 Material-bereitstellung 11.29 - 11.45 Montage-tätigkeit
							11.10 - 11.15 Wartung 11.15 - 11.20 Verfügbarkeits-kontrolle	11.20 - 11.45			MA3 : 9.41 - 10.13 Nacharbeit
										11.45 - 12.00 fliegende Kontrolle	MA4 : 9.57 - 10.13 Material-bereitstellung
12.00 12.30	Pause • • •										
16.15	Arbeitsende										
	Gesamt:	25 min je MA					95 min	150 min	60 min	Nacharbeit 80 min fliegende Kontrolle 30 min	

Legende: MAx = Mitarbeiter x
römische Ziffern = Hinweis auf persönliche Verteilzeiten (siehe: Bild 43 und 45)

Bild 44: Zeit- und Organisationsplan für die Simulation
(Beispiel)

ter an einem Arbeitsplatz, die Stückzahlausbringung des Montagesystemes sowie gegebenenfalls über Warte- und Verlustzeiten der Mitarbeiter.

In <u>Bild 45</u> wird nun das Verhalten des Montagesystemes zusätzlich unter dem Gesichtspunkt der Flexibilität bezüglich

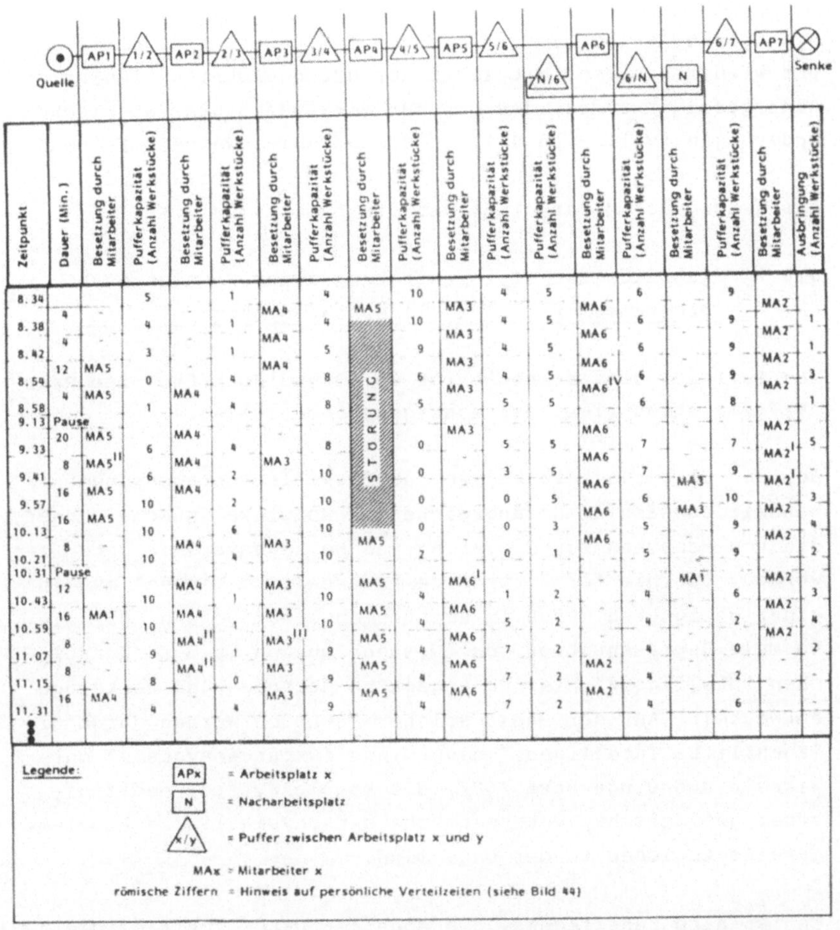

<u>Bild 45</u>: Simulation des Montagesystemes bei Flexibilitätsanforderungen bezüglich Personaleinsatz und zusätzlich bezüglich Störungen (Beispiel)

Störungen untersucht, wobei der Zeit- und Organisationsplan entsprechend __Bild 44__ zugrunde gelegt wird.Bei der Simulation wird angenommen, daß um 8.38 Uhr am Arbeitsplatz AP 4 eine Störung auftritt. Bis 8.42 Uhr versucht der an diesem Arbeitsplatz eingesetzte Mitarbeiter MA 5 die Störung zu beseitigen. Da ihm dies nicht gelingt, wechselt er an den Arbeitsplatz AP 1.

Die Störung selbst ist erst nach 94 Minuten, also um 10.13 Uhr wieder behoben. Mit Hilfe der durchgeführten Simulation kann gezeigt werden, daß mit nur geringen organisatorischen Änderungen (vgl. __Bild 44__), in dem beispielsweise Umfeldaufgaben vorgezogen werden, die Störung ohne Einfluß auf die Auslastung der Mitarbeiter und die Ausbringung ist.

6.6   Ausblick zur Implementierung eines Simulations-
programmes für flexible Montagesysteme

Ein Teilziel dieser Arbeit ist es, Grundlagen für eine Rechner-Simulation flexibler Montagesysteme zu legen.

Bei den Steuerungsstrategien für flexible Montagesysteme handelt es sich um umfangreiche und komplexe Entscheidungen, die von Menschen zur Steuerung von Montagesystemen getroffen werden. Das hierfür notwendige "menschliche Wissen" muß in einer geeigneten Weise im Rechner abgelegt werden. Für die formale Repräsentation von "Wissen" wurden in der "Künstlichen Intelligenz" hierfür angepaßte Methoden und Werkzeuge entwickelt. Auf der Basis solcher Methoden werden durch die "Künstliche Intelligenz" neuerdings "Expertensysteme" entwickelt und eingesetzt /60/, die komplexe, z.B. medizinische, geologische, mathematische und physikalische Probleme jeweils zu lösen in der Lage sind.

Es ist also naheliegend, die Modellstruktur für flexible Montagesysteme mit Methoden der "Künstlichen Intelligenz" zur Repräsentation von Wissen in Form von Expertensystemen zu implementieren. Das vorgestellte Modell für flexible Montagesysteme kann prinzipiell in Form eines Expertensystemes programmiert und in einer objektorientierten Programmiersprache mit einem Interpreter für Produktionssysteme implementiert werden./61/.

Der Aufwand zur Implementierung von Expertensystemen darf dabei nicht unterschätzt werden, da die zur Verfügung stehenden Software-Bausteine erweitert und angepaßt werden müssen. Außerdem stehen für solche Software-Technologien z.Z. (1984) noch keine so komfortablen Programmierumgebungen zur Verfügung, wie sie z.B. für höhere problemorientierte Programmiersprachen vorhanden sind /62/. Obwohl also Schwierigkeiten für die Implementierung zu erwarten sind, erscheint es aus derzeitiger Sicht als sinnvoll, diesen Schritt zukünftig zu tun, da dann ein operationales Werkzeug zur realitätsnahen Untersuchung und Planung flexibler Montagesysteme zur Verfügung stehen wird.

Flexibilitätsuntersuchungen treten in den verschiedensten
Prozeßphasen der Planung von Montagesystemen auf. Die zu untersuchenden Schwerpunkte, der Detaillierungsgrad sowie die
Art der Untersuchungen können dabei in Abhängigkeit vom
Stand des Planungsprozesses unterschiedlich sein. Im folgenden soll ein Überblick über die Integration der Flexibilitätsuntersuchungen in den Planungsprozeß von Montagesystemen
gegeben werden.

7.1   Systematik zur Planung von Montagesystemen

Planung ist ein kreativer Prozeß, der nach logischen, ratio-
nalen und projektabhängig sinnvollen Schritten erfolgen muß.
In **Bild 46** ist eine Vorgehensweise zur Planung von Fertigungssystemen dargestellt, die sich in zahlreichen Forschungsprojekten in enger Zusammenarbeit mit der Industrie,
insbesondere bei der Planung von Montagesystemen, bewährt
hat (vgl. /63/). Diese Planungssystematik läßt sich dadurch
charakterisieren,

- daß die konzeptionelle Phase im Planungsprozeß stark be-
  tont wird,
- daß hinsichtlich der Abgrenzung der Planungsaufgaben ganz-
  heitliche Betrachtungsweisen zugrunde gelegt werden, indem
  teilweise relevante, systemübergreifende Einflußgrößen und
  Randbedingungen einbezogen werden,
- daß von einem erweiterten Zielsystem ausgegangen wird, das
  neben der Verbesserung der Wirtschaftlichkeit (z.B. durch
  die Erhöhung der Flexibilität) die personalorientierte Gestaltung des zu planenden Arbeitssystemes vorgibt,
- und daß die Planungsaktivitäten schwerpunktmäßig in be-
  reichsübergreifender Teamarbeit ausgeführt werden.

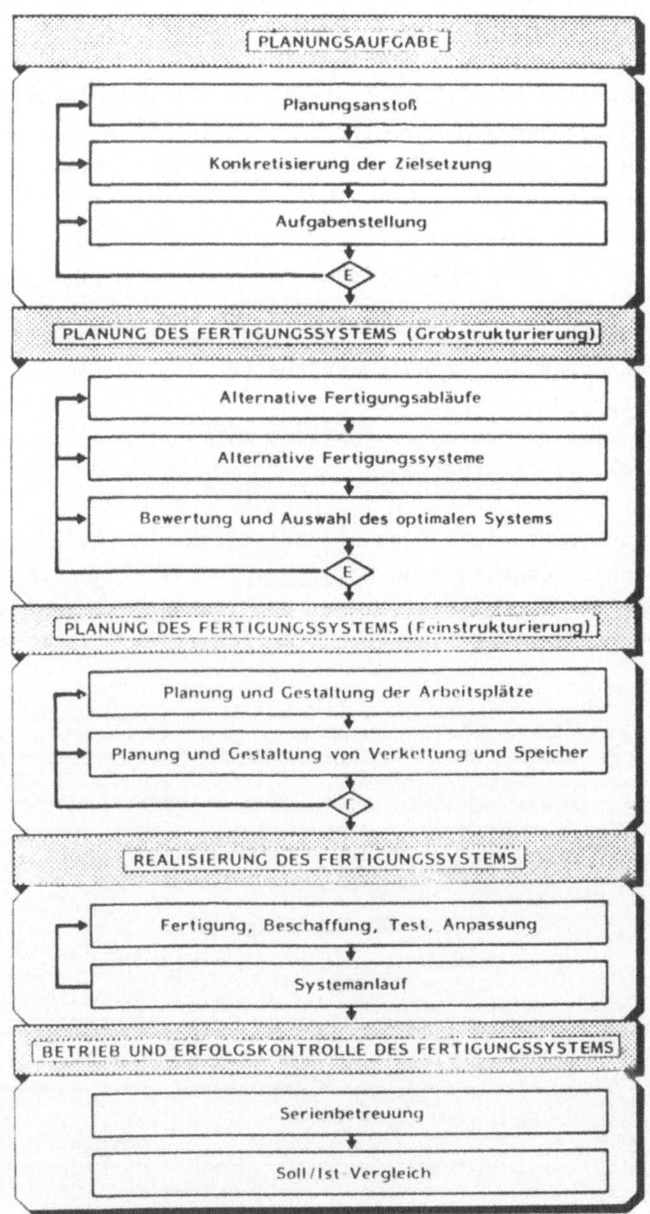

Bild 46: Vorgehensweise zur Planung von Fertigungssystemen

7.2 Integration der Flexibilitätsuntersuchungen in die einzelnen Planungsphasen

Im folgenden werden für die einzelnen Planungsphasen zur Gestaltung von neuen Montagesystemen (Bild 46) die Arbeitsschritte bei den Flexibilitätsuntersuchungen detaillierter diskutiert (vgl. /18/).

7.2.1 Phase "Planungsaufgabe"

Die Phase "Planungsaufgabe" (Bild 46) dient im wesentlichen zur Festlegung der Planungsaufgabe für das neu zu gestaltende Montagesystem. Neben einer Abklärung des Ausgangszustandes sind insbesondere konkrete Zielvorgaben für den Planungsprozeß zu erarbeiten.

Die in der Phase "Planungsaufgabe" durchzuführenden Flexibilitätsuntersuchungen sind in Bild 47 näher erläutert. Für das bestehende Montagesystem sind im Ausgangszustand Aussagen über eine sinnvolle Nutzung der Ist-Flexibilität abzu-

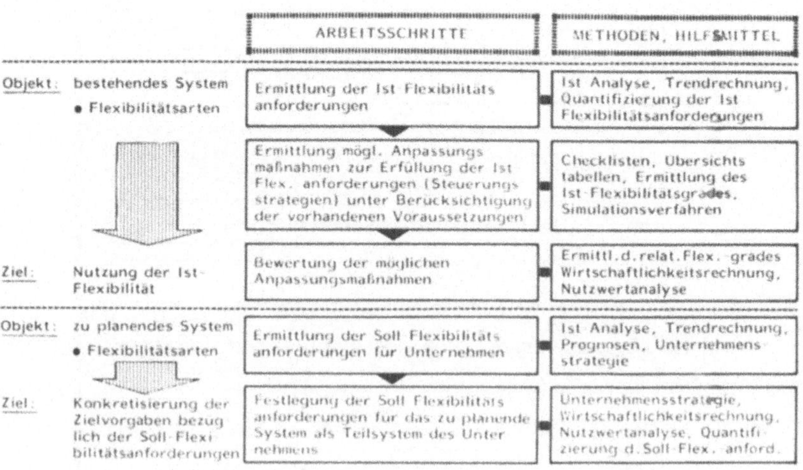

Bild 47: Flexibilitätsuntersuchungen in der Phase "Planungsaufgabe"

leiten. Um für das neu zu planende Montagesystem den Planungsprozeß operational und zielorientiert angehen zu können, ist eine weitgehende Konkretisierung der Zielvorgaben
bezüglich der Soll-Flexibilitätsanforderungen notwendig, wobei die Soll-Flexibilitätsanforderungen für das gesamte Unternehmen den Ausgangspunkt bilden.

7.2.2   Phase "Planung des Fertigungssystemes
        (Grobstrukturierung)"

In der Phase "Planung des Fertigungssystemes (Grobstrukturierung)" (Bild 46) wird die Grobstrukturierung des neu zu
planenden Montagesystemes durchgeführt. Auf Basis alternati-
ver Fertigungsabläufe werden alternative Montagesysteme (Lösungsalternativen) konzipiert. Mit Hilfe von Bewertungsver-
fahren wird die optimale Lösungsalternative ausgewählt.

In Bild 48 sind die Flexibilitätsuntersuchungen in der Phase
"Planung des Fertigungssystemes (Grobstrukturierung)" aufge-

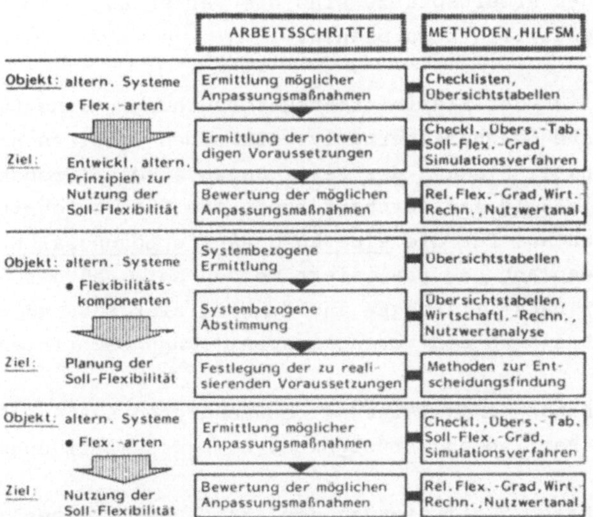

Bild 48: Flexibilitätsuntersuchungen in der Phase "Planung
        des Fertigungssystemes (Grobstrukturierung)"

führt. Im ersten Schritt sind alternative <u>Prinzipien zur Nutzung der Soll-Flexibilität</u> für mögliche Lösungsalternativen zu entwickeln. Anschließend ist die <u>Planung der Soll-Flexibilität</u> bei der Entwicklung der Lösungsalternativen durchzuführen, für die dann wiederum die <u>Nutzung der Soll-Flexibilität</u> abgeklärt werden muß. Während für die Prinzipien zur Nutzung der Soll-Flexibilität sowie für die Nutzung der Soll-Flexibilität der Lösungsalternativen die einzelnen anforderungsbezogenen Flexibilitätsarten zu untersuchen sind, stehen bei der Planung der Soll-Flexibilität der Lösungsalternativen die systembezogenen Flexibilitätskomponenten im Vordergrund.

7.2.3 Phase "Planung des Fertigungssystemes (Feinstrukturierung)"

In der Phase "Planung des Fertigungssystemes (Feinstrukturierung)" (<u>Bild 46</u>) wird die Feinstrukturierung einer ausgewählten Lösungsalternative durchgeführt. Neben einer Feinplanung der Arbeitsplätze sind die Verkettungs- und Puffersysteme detailliert zu planen.

Hinsichtlich der Flexibilitätsuntersuchungen sind für die ausgewählte Lösungsalternative dieselben Arbeitsschritte wie in der Phase "Planung des Fertigungssystemes (Grobstrukturierung)" (<u>Bild 48</u>) durchzuführen. Die Arbeitsschritte werden jedoch nur für die <u>eine ausgewählte Lösungsalternative</u>, die feingeplant und realisiert werden soll, abgearbeitet, wobei der Detaillierungs- und Konkretisierungsgrad erheblich höher ist als in den vorangehenden Planungsschritten.

7.2.4 Phasen "Realisierung des Fertigungssystemes" sowie "Betrieb und Erfolgskontrolle des Fertigungssystemes"

In den Phasen "Realisierung des Fertigungssystemes" sowie "Betrieb und Erfolgskontrolle des Fertigungssystemes" (<u>Bild 46</u>) wird das ausgewählte und feingeplante Montagesystem realisiert und in Betrieb genommen. Wenn ein eingeschwungener

Zustand des neuen Montagesystems erreicht worden ist, kann eine Erfolgskontrolle durchgeführt werden.

Bezüglich der Flexibilitätsuntersuchungen sind während der Realisierung des Montagesystemes die möglichen Anpassungsmaßnahmen (Steuerungsstrategien) zur Erfüllung von Flexibilitätsanforderungen in Form von Handlungsanleitungen für den späteren Betrieb aufzubereiten. Mit Hilfe dieser Handlungsanleitungen kann dann eine günstige Nutzung der in dem neuen Montagesystem vorhandenen Ist-Flexibilität gewährleistet werden.

Im Rahmen der Erfolgskontrolle sind zum einen die Ist-Flexibilitätsanforderungen an das neue Montagesystem zu überprüfen, inwieweit sie von den in der Phase "Planungsaufgabe" festgelegten Soll-Flexibilitätsanforderungen abweichen. Zum anderen sind die tatsächlichen Nutzungsmöglichkeiten der Ist-Flexibilität in dem neuen Montagesystem der geplanten Nutzung der Soll-Flexibilität entsprechend den Phasen "Planung des Fertigungssystemes (Grobstrukturierung)" und "(Feinstrukturierung)" gegenüberzustellen. Diese Flexibilitätsuntersuchungen können weitgehend entsprechend den Arbeitsschritten in <u>Bild 47</u> für ein bestehendes System durchgeführt werden.

Ausgehend von veränderten Bedingungen bezüglich der Gesellschaft, der Gesetze und Tarife, des Arbeits-, Absatz- und
Beschaffungsmarktes sowie des technischen Fortschrittes
steigen die Flexibilitätsanforderungen an Industrieunternehmen ständig. Dies gilt in besonderem Maße für die Montage,
in der die letzte Stufe des Produktionsprozesses vollzogen
wird. Zwar nimmt der Anteil der flexiblen Automatisierung in
der Montage zukünftig zu, dennoch besteht auch in absehbarer
Zeit noch die Montage schwerpunktmäßig aus personalintensiven Montagesystemen.

Als Ausgangsbasis für eine zweckmäßige Nutzung und Planung
der Flexibilität wurden in der vorliegenden Arbeit am Beispiel von personalintensiven Montagesystemen bei Serienfertigung die Wirkzusammenhänge zwischen Flexibilitätsanforderungen, den alternativen Anpasssungsmaßnahmen zu ihrer Erfüllung sowie den für die Anpassungsmaßnahmen notwendigen
Voraussetzungen detailliert abgeklärt. Es wurde dabei eine
Klassifizierung in anforderungsbezogene Flexibilitätsarten,
analog zu den Flexibilitätsanforderungsarten, sowie in systembezogene Flexibilitätskomponenten, bei denen die Voraussetzungen für Anpassungsmaßnahmen den Systemkomponenten
Personal, Organisation, Technik (Betriebsmittel) sowie den
Produkten zugeordnet wurden, vorgenommen.

Zur Quantifizierung und Bewertung der Flexibilität von Montagesystemen wurden systematische Vorgehensweisen entwickelt. Mit Hilfe dieser Vorgehensweisen kann durch Kennzahlen, bei denen die Flexibilitätsanforderungen der vorhandenen Flexibilität gegenübergestellt werden, eine erste
Standortbestimmung erreicht werden.

Konkreter kann das Verhalten flexibler Montagesysteme durch
die vorgestellte und beispielhaft erprobte Methode zur Modellbildung und Simulation von flexiblen Montagesystemen mit
Hilfe "objektorientierter Produktionssysteme" untersucht
werden. Bei dieser Methode wurden Ansätze und Modelle des
menschlichen Denkens aus dem Bereich der "Künstlichen Intelligenz" zur Repräsentation von Entscheidungsstrategien beim
Betreiben von flexiblen Montagesystemen übernommen. Hiermit
wurden Grundlagen für zukünftige, realitätsnahe, rechnergestützte Problemlösungsverfahren, z.B. umfangreiche Simulationsprogramme oder Expertensysteme, gelegt.

Flexibilitätsuntersuchungen treten in den verschiedensten
Prozeßphasen der Planung von Montagesystemen auf. In Anleh-
nung an eine in zahlreichen Forschungsprojekten bewährte
Vorgehensweise zur Planung von Fertigungssystemen wurde eine
Integration der Flexibilitätsuntersuchungen bei Montagesy-
stemen in den übergeordneten Planungsprozeß durchgeführt.

Im Rahmen der vorliegenden Arbeit wurde eine Analyse der
Flexibilität von personalintensiven Montagesystemen bei Serienfertigung durchgeführt. Darüber hinaus wurden Methoden
zur Planung und Bewertung der Flexibilität sowie ihre Einbindung in den gesamten Ablauf des Planungsprozesses vorge-
stellt. Dadurch konnten wesentliche Hinweise sowohl für eine
sinnvolle Nutzung der Flexibilität bei bestehenden Montagesystemen als auch für die Planung der Flexibilität bei zu
planenden oder umzugestaltenden Montagesystemen gegeben
werden.

SCHRIFTTUMSVERZEICHNIS

/ 1/   Warnecke, H.J.:
        Flexible Produktionsstrukturen - Entwicklungen, Mög-
        lichkeiten, Erfahrungen - . In: VDI-Berichte 342:
        Zukunftssicherung im Wandel der Strukturen.
        Düsseldorf: VDI-Verlag, 1979, S. 33-42.

/ 2/   Altrogge, G.:
        Flexibilität der Produktion. In: Kern, W. (Hrsg.):
        Handwörterbuch der Produktionswirtschaft.
        Stuttgart: Poeschel, 1979, S. 604-618.

/ 3/   Heinrich, K.-D; Schäfer, D.:
        Menschengerechte Arbeitsgestaltung in der Elektro-
        industrie. Erfahrungen aus Betriebsprojekten.
        Frankfurt; New York: Campus Verlag, 1982.
        Schriftenreihe "Humanisierung des Arbeitslebens",
        Band 35.

/ 4/   Ammer, D.:
        Planung eines Arbeitssystemes zur Montage von Hand-
        staubsaugern (Werksprojekt Rothenburg). Projektbe-
        richt des Forschungsprojektes BMFT 01 VE 106-ZK-TAP
        0012. Entwicklung einer Systematik zur Umgestaltung
        von Montagestrukturen unter Berücksichtigung humaner
        und technisch-wirtschaftlicher Gesichtspunkte (Ver-
        öffentlichung in Vorbereitung).

/ 5/   Vähning, H.; Weller, B.:
        Entwicklung von neuen Arbeitsstrukturen am Beispiel
        einer Kleinmotorenmontage in einem mittelständischen
        Unternehmen. Bericht II. In: Vähning, H. u.a.: In-
        tegrierte Arbeitsstrukturierung am Beispiel einer
        Kleinmotorenmontage in einem mittelständischen Un-
        ternehmen (Vorphase), Begleitforschung.
        Eggenstein-Leopoldshafen: Fachinformationszentrum,
        1982. (BMFT-Forschungsbericht HA 82-013), S. 76-171.

/ 6/   Vähning, H.; Weller, B.:
         Planung eines personalorientierten Montagesystemes.
         wt.-Z.ind.Fertig. 74(1984)1, S. 43-46.

/ 7/   Duden: Fremdwörterbuch.
         Mannheim; Wien; Zürich: Bibliographisches Institut,
         1974.

/ 8/   Ropohl, G.:
         Flexible Fertigungssysteme.
         Mainz: Krausskopf, 1971.

/ 9/   Klaus, G. (Hrsg.):
         Wörterbuch der Kybernetik.
         Berlin: Dietz-Verlag, 1968.

/10/   Schmigalla, H.:
         Zur Definition und Quantifizierung der Flexibilität
         von Fertigungsstätten.
         Wiss. Ztsch. Friedrich-Schiller-Univ. Jena,
         Math.-Nat.R., 25. Jg. (1976) 5, S. 633-638.

/11/   Metzger, H.:
         Planung und Bewertung von Arbeitssystemen in der
         Montage.
         Mainz: Krausskopf, 1977.
         zugl. Universität Stuttgart, Fak. Fertigungstechnik,
         Diss. Dr.-Ing., 1977.

/12/   Methodenlehre des Arbeitsstudiums.
         Teil 1: Grundlagen.
         Hrsg.: REFA Verband für Arbeitsstudien e.V.
         München: Carl Hanser, 1976.

/13/   Dolezalek, C.M.; Warnecke, H.-J.:
         Planung von Fabrikanlagen.
         Berlin; Heidelberg; New York: Springer, 1981.

/14/   Brankamp, K.:
         Grobterminplanung. In: Brankamp, K. (Hrsg.): Hand-
         buch der modernen Fertigung und Montage.
         München: Verlag Moderne Industrie, 1975, S. 456-457.

/15/   Ropohl, G.:
         Eine Systemtheorie der Technik: Zur Grundlegung der
         allgemeinen Technologie.
         München; Wien: Carl Hanser, 1976.

/16/   Zippe, B.-H.:
         Die Betriebswirtschaftliche Beurteilung Neuer Ar-
         beitsformen.
         Mainz: Krausskopf, 1979.
         zugl. Universität Stuttgart, Fak. f. Geschichts-
         Wirtschafts- und Sozialwissenschaften, Dr. der
         Betriebswirtschaft, 1979.

/17/   Haier, U.:
         Ursachen und Ziele neuer Arbeitsformen in der Pro-
         duktion aus unternehmerischer Sicht.
         wt.-Z. ind. Fertig. 68 (1978), S. 125-131.

/18/   Vähning, H.:
         Flexibilität von personalintensiven Montagesystemen
         - Anforderungen und deren Erfüllung. In: Wettbe-
         werbsfähige Arbeitssysteme: Problemlösungen für die
         Praxis; Vorträge der 2. IAO-Arbeitstagung, 22.-23.
         November 1983 in Böblingen.
         Stuttgart: Verein zur Förderung produktionstech-
         nischer Forschung e.V. (FpF), 1983, S. 227-250.

/19/   Gutenberg, E.:
         Grundlagen der Betriebswirtschaftslehre. Band I: Die
         Produktion. 23. Auflage.
         Berlin; Heidelberg; New York: Springer, 1979.

/20/   Riebel, P.:
         Die Elastizität des Betriebes.
         Köln; Opladen: Westdeutscher Verlag, 1954.

/21/   Egger, A.:
         Kurzfristige Fertigungsplanung und betriebliche
         Elastizität unter Berücksichtigung des Betriebes der
         Serienfertigung mit saisonalen Absatzschwankungen.
         Berlin: Duncker und Humblot, 1971.

/22/   Staudt, E.:
         Rationalisierung durch neue Automatisierungstechno-
         logien in Industrie und Verwaltung.
         Zeitschrift für Organisation 49 (1980) 8, S. 421-429.

/23/   Jakob, H.:
         Unsicherheit und Flexibilität. Zur Theorie der Pla-
         nung bei Unsicherheit.
         Erster Teil: Zeitschrift für Betriebswirtschaft,
         44. Jg. (1974), Nr. 5, S. 299-325.
         Zweiter Teil: Zeitschrift für Betriebswirtschaft,
         44.Jg. (1974), Nr. 6, S. 403-448.
         Dritter Teil: Zeitschrift für Betriebswirtschaft,
         44. Jg. (1974), Nr. 7/8, S. 505-526.

/24/   Schaefer, F.-W.:
         System zur Planung und Nutzung der Flexibilität in
         der Fertigung: ein Beitrag zur Verbesserung der Re-
         aktionsfähigkeit von Unternehmen.
         Aachen, RWTH, Fak. f. Maschinenwesen,
         Diss. Dr.-Ing., 1980.

/25/   Woithe, G.; Gottschalk, E.:
         Flexibilität und Variabilität von Maschinenbau-
         betrieben.
         Fertigungstechnik und Betrieb 26 (1976) 12,
         S. 706-710.

/26/   Gottschalk, E.:
         Flexibilitäts- und Variabilitätsuntersuchungen in
         einer Gießerei.
         Gießereitechnik, 24 (1978) 1, S. 6-8.

/27/   Dolezalek, C.M.; Ropohl, G.:
         Die flexible Fertigungslinie und ihre Bedeutung für
         die Automatisierung der Serienfertigung.
         VDI-Z. 108 (1966) 26, S. 1261-1268.

/28/   Diebold Deutschland GmbH:
         "Flexible Fertigungssysteme": Herausforderung an die
         Industrie.
         Diebold Management Report (1980) August/September,
         S. 1-6.

/29/   Scharf, P.:
         Strukturalternativen integrierter, flexibler Ferti-
         gungssysteme und ihre Bewertung.
         Stuttgart, Universität, Diss. Dr.-Ing., 1975.

/30/   Maier, U.:
         Arbeitsgangterminierung mit variabel strukturierten
         Arbeitsplänen.
         Berlin: Springer, 1980.
         zugl. Stuttgart, Universität, Fak. Fertigungs-
         technik, Diss. Dr.-Ing., 1979.

/31/   Klaus, R.:
         Zeitverhalten, Leistungsfähigkeit und Einsatzbe-
         dingungen flexibler Fertigungssysteme.
         wt-Z. ind. Fertig. 69 (1979) 2, S. 97-102.

/32/   Tuffentsammer, K.:
         Haben flexible Fertigungssysteme eine Zukunft.
         VDI-Z. 122 (1980) 15/16, S. 623 - 624.

/33/   Lederer, K.G.:
         Flexible Arbeitsstrukturen in der betrieblichen
         Praxis.
         FB/IE 27 (1978) 3, S. 163 - 167.

/34/   Löhr, H.-G.:
         Automatisches Montieren von Kleinteilen.
         fördern und heben 27 (1977) 4, Fachteil mht,
         S. 17-21.

/35/   Haaf, D.:
         Reserven der Rationalisierung: Montageroboter erhö-
         hen den Automatisierungsgrad bei kleinen Serien.
         VDI-Nachrichten 34 (1980) 52, S. 14.

/36/   Haaf, D.:
         Die Roboter sollen montieren. Das Einzelgerät wird
         Teil eines programmierbaren Systemes.
         VDI-Nachrichten 35 (1981) 10, S. 6.

/37/   Brauner, H.U.:
         Erhöhung der Flexibilität in der Fertigung: Ziel bei
         Investitionsentscheidungen.
         Rationalisierung 28 (1977) 4, S. 91-95.

/38/   Schröder, M.:
         Ein flexibles Montagesystem.
         wt-Z. ind. Fertig. 71 (1981) 1, S. 33-38.

/39/   Gramoll, E.:
         Montagebereich und flexibles Montagesystem für
         Dieselmotoren.
         wt-Z. ind. Fertig. 69 (1979) 3, S. 151-157.

/40/   Heiserich, O.-E.:
         Lösungsansätze bei der Neugestaltung von Montage-
         systemen.
         FB/IE 30 (1981) 2, S. 79-84.

/41/   Eversheim, W.; Witte, K.-W.; Peffekoven, K.-H.:
        Montage richtig planen: Methoden und Hilfsmittel zur
        rationellen Gestaltung der Montage in Unternehmen
        mit Einzel- und Serienfertigung.
        Düsseldorf: VDI-Verlag, 1981.

/42/   Warnecke, H.-J.; Dittmayer, S.:
        Planungsleitlinien für neue Arbeitsformen.
        AV 17 (1980) 2, S. 35-40.

/43/   Bullinger, H.-J.; Kohl, W.:
        Higher qualifications in new work structures: deve-
        lopment and testing of new industrial qualification
        procedures.
        International Journal of Production Research 21
        (1983) 1, S. 1-15.

/44/   Kannheiser, W:
        Arbeitspädagogische Begleitforschung. Bericht IX.
        In: Vähning, H. u.a.: Integrierte Arbeitsstruktu-
        rierung am Beispiel einer Kleinmotorenmontage in
        einem mittelständischen Unternehmen (Vorphase), Be-
        gleitforschung.
        Eggenstein-Leopoldshafen: Fachinformationszentrum,
        1982. (BMFT-Forschungsbericht HA 82-013), S. 408-513.

/45/   Warnecke, H.J.; Kölle, J.H.; Schlauch, R.:
        Methoden der Fertigungssteuerung für eine flexible
        Produktion.
        wt-Z. ind. Fertig. 70 (1980) 12, S. 771-774.

/46/   Kölle, J.H.:
        Entwicklung von Verfahren zur Terminplanung und
        -steuerung bei flexiblen Montagesystemen.
        Berlin; Heidelberg; New York: Springer, 1981
        zugl. Stuttgart, Universität, Fak. Fertigungs-
        technik, Diss. Dr.-Ing., 1980.

/47/   Miese, M.:
         Systematische Montageplanung in Unternehmen mit Ein-
         zel- und Kleinserienproduktion.
         Aachen, RWTH, Diss. Dr.-Ing., 1973.

/48/   Czichun, F.; Deutsch, N.:
         Probleme der Produktionssteuerung zur Sicherung der
         Flexibilität von Betriebsanlagen.
         Wissenschaftliche Zeitschrift der Technischen Hoch-
         schule Otto von Guericke Magdeburg 21 (1977), Heft
         8, S. 841-843.

/49/   Schöne, A.:
         Simulation technischer Systeme. Band 3: Simulation
         diskreter Systeme.
         München; Wien: Carl Hanser, 1974.

/50/   Methodenlehre der Planung und Steuerung. Teil 2:
         Planung. Hrsg.: REFA Verband für Arbeitsstudien e.V.
         München; Wien: Carl Hanser, 1974/75.

/51/   Methodenlehre der Planung und Steuerung. Teil 3:
         Steuerung. Hrsg.: REFA Verband für Arbeits-
         studien e.V.
         München; Wien: Carl Hanser, 1974/75

/52/   STIHL, IPA, IAO, IFS:
         Integrierte Arbeitsstrukturierung am Beispiel einer
         Kleinmotorenmontage in einem mittelständischen Un-
         ternehmen (Hauptphase).
         Zweiter Zwischenbericht, Januar 1982 (unveröf-
         fentlicht).

/53/   Korndörfer, V.; Lentes, H.-P.:
         Zur Attraktivität von Fließarbeit - Ergebnisse einer
         Untersuchung.
         FhG-Berichte (1980) 1, S. 12-15.

/54/   Dittmayer, S.:
         Arbeits- und Kapazitätsteilung in der Montage.
         Berlin; Heidelberg; New York: Springer, 1981.
         zugl. Stuttgart, Universität, Fak. Fertigungs-
         technik, Diss. Dr.-Ing., 1981.

/55/   Eversheim, W.; Schaefer, F.-W.:
         Flexibilität der Produktion - eine Voraussetzung zur
         Sicherung der Wettbewerbsfähigkeit von Unternehmen.
         VDI-Z 121 (1979) 10, S. 463-470.

/56/   Weaver, W.:
         Science and Complexity.
         American Scientist 1948.

/57/   Newell, A.; Simon, H.A.:
         Human Problem Solving. Engelwood Cliffs:
         Prentice Hall, 1972.

/58/   Winston, P.H.:
         Artificial Intelligence.
         Reading, Mass.: Addison-Wesley, 1979.

/59/   Minsky, M.:
         A Framework for Representing Knowledge. In: Winston,
         P.H. (Hrsg.): The Psychology of Computer Vision.
         1975, S. 211-277.

/60/   van Melle, W.; Scott, A.C.; Bennett, J.S.;
         Peairs. M.:
         The Emycin Manual.
         Report. No. STAN-CS-81-885 Department of Computer
         Science, Stanford University, 1981.

/61/   Winston, P.H.; Horn, B.K.P.:
         LISP.
         Reading, Mass.: Addison-Wesley, 1981.

/62/   Raulefs, P.:
          Expert Systems: State of the Art and Future
          Prospects. In: J. Siekmann (Hrsg.): German Workshop
          on Artificial Intelligence.
          Berlin: Springer, 1981, S. 98-111.
          (Informatik Fachberichte; 47).

/63/   Bullinger, H.-J.:
          Vorgehensweise zur Planung und Realisierung von Fer-
          tigungssystemen. In: Wettbewerbsfähige Arbeitssy-
          steme: Problemlösungen für die Praxis; Vorträge der
          2. IAO-Arbeitstagung, 22.-23. November 1983 in
          Böblingen.
          Stuttgart: Verein zur Förderung produktionstech-
          nischer Forschung e.V. (FpF), 1983, S. 165-189.

ANHANG

A.1   Begriffe, Definitionen, Bemerkungen

Flexibilität, flexibel: Das Substantiv flexibel leitet sich
vom lateinischen "flexibilitas" und das zugehörige Adjektiv
flexibel von "flexibilis" ab. Der Inhalt des Begriffes flexibilis umfaßt biegsam, elastisch, beweglich, anpassungsfähig, geschmeidig usw. /7/. Flexibilität ist eine Systemeigenschaft /8/. Die Flexibilität wird in eine Bestands-Flexibilität und in eine Entwicklungs-Flexibilität unterteilt.

Systemeigenschaft: Beispiele für Systemeigenschaften sind:
kausal, dynamisch, zeitvariant, stabil, flexibel usw.

System: Ein System besteht aus einer Menge von Elementen und
zugleich der Menge von Relationen, die zwischen diesen Elementen bestehen /9/. In der Umgangssprache ist das System
meist nicht genau definiert und abgegrenzt.

Bestands-Flexibilität: Als Bestands-Flexibilität wird die
Anpassungsfähigkeit von Systemen an veränderte Anforderungen
im zeitlichen Verlauf verstanden, wobei sich die Elemente
und die Struktur nicht oder nur geringfügig verändern, so
daß die Charakteristik des Systemes erhalten bleibt.

Entwicklungs-Flexibilität: Als Entwicklungs-Flexibilität
wird die Anpassungsfähigkeit (Anpaßbarkeit) von Systemen an
veränderte Anforderungen im zeitlichen Verlauf verstanden,
wobei sich die Elemente und/oder die Struktur und somit auch
die Charakteristik des Systemes verändern.

Ist-Flexibilität: Die Flexibilität von bestehenden Systemen
soll als Ist-Flexibilität (Ist-Bestands-Flexibilität oder
Ist-Entwicklungs-Flexibilität) bezeichnet werden.

<u>Soll-Flexibilität</u>: Die Flexibilität von zu planenden Systemen soll als Soll-Flexibilität (Soll-Bestands-Flexibilität oder Soll-Entwicklungs-Flexibilität) bezeichnet werden.

<u>Montagesystem</u>: Als Montagesysteme werden Arbeitssysteme im Montageprozeß bezeichnet, deren Arbeitsaufgabe darin besteht, Einzelteile zu Baugruppen oder Einzelteile und Baugruppen zu Produkten zusammenzubauen. Zur Ausführung der Arbeitsaufgabe wirken Mensch und Arbeitsmittel als Elemente des Arbeitssystemes in einer gemeinsamen Arbeitsumgebung zusammen /11/.

<u>Personalintensive Montagesysteme</u>: Als personalintensive Montagesysteme werden die Montagesysteme definiert, bei denen das Personal wesentlicher Träger der Erfüllung der Arbeitsaufgabe ist.

<u>Serienfertigung in der Montage</u>: Die Serienfertigung in der Montage kann analog zu Fertigungssystemen als ununterbrochene Montage gleicher oder ähnlicher Produkte in der für ein Los (optimale Losgröße) erforderlichen Menge definiert werden. Wesentlich dabei ist, daß die gesamte Stückzahl des Loses an jedem Arbeitsplatz ohne Unterbrechung durch Einrichte- oder Umrüstarbeit montiert wird (vgl. /13,14/).

<u>Flexible Systeme</u>: Formale Definition nach Ropohl /15/: Ein flexibles System ist strukturdynamisch (zeitvariabel), d.h. seine Struktur (die Menge von Relationen /9/) ist zeitabhängig.

<u>Systemmodell</u>: Ein Systemmodell läßt sich analog zum Begriff des Systemes definieren. Bemerkung: Wird der Begriff Systemmodell verwendet, so kann man davon ausgehen, daß es sich um ein klar definiertes Objekt handelt.

<u>Flexible Montagesysteme</u>: Flexible Montagesysteme sind das Komplement zu den starren Montagesystemen. Bemerkung: Die Bezeichnung flexibles Montagesysteme impliziert ein nicht

klar definiertes Maß an Flexibilität eines Montagesystemes
und ist dem allgemeinen Sprachgebrauch zuzuordnen.

Starre Montagesysteme: Als starr wird ein Montagesystem bezeichnet, das entweder die Flexibilitätsanforderungen nicht
oder nicht innerhalb der betrieblichen Zielfunktionen erfüllen kann.

Flexibilitätsanforderungen: Flexibilitätsanforderungen sind
die Anforderungen an ein Montagesystem, bei deren Erfüllung
das Systemverhalten vom "Normalbetrieb" abweicht.

Zielfunktionen: Zielfunktionen für Teilbereiche eines Unternehmens, z.B. für Montagesysteme, leiten sich direkt aus den
Unternehmenszielen ab. Beispiele: Wirtschaftlichkeit, Produktqualität, menschengerechte Arbeitsbedingungen usw.

Nutzung der Flexibilität: Durch die Nutzung der vorhandenen
Flexibilität sollen momentane, aber auch zukünftige Flexibilitätsanforderungen durch entsprechende Anpassungsmaßnahmen
bei geringem Zeit- und Kostenaufwand unter Berücksichtigung
der betrieblichen Zielfunktionen erfüllt werden. Die Nutzung
der Flexibilität ist anforderungsbezogen zu sehen.

Anpassungsmaßnahmen: Mit Hilfe der Anpassungsmaßnahmen sollen die Flexibilitätsanforderungen unter Berücksichtigung
der betrieblichen Zielfunktionen optimal erfüllt werden. Unter einer Anpassungsmaßnahme wird dabei das Wissen verstanden, was und wie etwas durchgeführt werden soll.

Planung der Flexibilität: Im Rahmen der Planung der Flexibilität von Montagesystemen werden die Voraussetzungen für Anpassungsmaßnahmen zur Erfüllung der Flexibilitätanforde-
rungen festgelegt. Die Planung der Flexibilität und die Bewertung sind operationaler Bestandteil des übergeordneten
Planungsprozesses zur Gestaltung flexibler Montagesysteme.
Die Planung der Flexibilität ist systembezogen zu sehen.

<u>Voraussetzungen für Anpassungsmaßnahmen</u>: Die Voraussetzungen
für Anpassungsmaßnahmen können das Personal, die Organisation, die Technik (Betriebsmittel) und/oder die Produkte des
Montagesystemes betreffen. In ihnen spiegelt sich die installierte Flexibilität eines Montagesystemes wider.

<u>Flexibilitätsgrad</u>: Der Flexibilitätsgrad ist eine Kennzahl
und stellt ein Maß der Flexibilität eines Systemes dar.

<u>Flexibilitätsanforderungsart</u>: Eine Flexibilitätsanforde-
rungsart entsteht durch eine Klassifizierung von gleichen
oder ähnlichen Flexibilitätsanforderungen, die sich jedoch
in ihrer Größe und Fristigkeit voneinander unterscheiden
können. Bemerkung: Für flexible Montagesysteme werden die
folgenden Flexibilitätsanforderungsarten verwendet:

- Flexibilitätsanforderungen bzgl. Liefertermin,
- Flexibilitätsanforderungen bzgl. Produkte, Typen und
  Varianten,
- Flexibilitätsanforderungen bzgl. Störungen,
- Flexibilitätsanforderungen bzgl. Personaleinsatz,
- Flexibilitätsanforderungen bzgl. Stückzahlausbringung,
- Flexibilitätsanforderungen bzgl. Betriebsmittel.

<u>Flexibilitätsart oder anforderungsbezogene Flexibilitätsart</u>:
Grad der Möglichkeiten eines Systemes durch Anpassungsmaßnahmen unter Berücksichtigung vorhandener Voraussetzungen
eine Flexibilitätsanforderungsart zu erfüllen. Die Flexibilitätsarten haben eine analoge Gliederung wie die Flexibilitätsanforderungsarten. Die Flexibilitätsarten lassen sich
der Bestands- oder Entwicklungs-Flexibilität zuordnen.

<u>Voraussetzungsarten</u>: Gleiche oder ähnliche Voraussetzungen
für Anpassungsmaßnahmen zur Erfüllung von Flexibilitätsanforderungen werden zu Voraussetzungsarten zusammengefaßt
(z.B. personelle Verfügbarkeit, Qualifikation des Personals,
technische Überdimensionierung des Systems, Entkopplung
durch Puffer).

Systemkomponenten: Unter Systemkomponenten werden das Personal, die Organisation, die Technik (Betriebsmittel) sowie
die Produkte eines Systemes verstanden.

Flexibilitätskomponenten oder systembezogene Flexibilitätskomponenten: Die durch eine Klassifizierung analog zu den
Systemkomponenten zusammengefaßten Voraussetzungsarten werden als systembezogene Flexibilitätskomponenten bezeichnet.
Die Flexibilitätskomponenten gliedern sich in personelle,
organisatorische, technische sowie Produkt-Flexibilität. Die
Flexibilitätskomponenten dürfen nicht mit den anforderungsbezogenen Flexibilitätsarten verwechselt werden.

Systemflexibilität: Durch Zusammenfassung der Flexibilitätskomponenten ergibt sich die Systemflexibilität.

Potential für Anpassungsmaßnahmen: Das Potential für
Anpassungsmaßnahmen wird durch die Spannbreite der möglichen
Anpassungsmaßnahmen, also durch die Distanz zwischen einer
minimalen und maximalen Anpassungsmaßnahme, sowie durch die
Anzahl der möglichen Anpassungsstufen bzw. Anpassungsinter-
valle bestimmt.

Widerstände gegen Anpassungsmaßnahmen: Die Widerstände gegen
Anpassungsmaßnahmen lassen sich einerseits durch die notwendigen Kosten- und Zeitaufwände für die möglichen Anpassungsmaßnahmen bestimmen. Andererseits können jedoch zusätzliche
"sonstige Widerstände", z.B. Widerstände der Vorgesetzten,
der betroffenen Mitarbeiter, des Betriebsrates sowie vor-
und nachgelagerter Bereiche, einen großen Einfluß auf die
Durchführbarkeit möglicher Anpassungsmaßnahmen haben. Somit
können gegebenenfalls auch die Nichterreichung oder Nichteinhaltung von übergeordneten betrieblichen Zielsetzungen in
Form der Widerstände gegen Anpassungsmaßnahmen berücksichtigt werden.

Anforderungspotential für Anpassungsmaßnahmen: Das Anforderungspotential für Anpassungsmaßnahmen wird für die Quanti-

fizierung der Flexibilitätsanforderungen analog zu dem Potential für Anpassungsmaßnahmen definiert. Eine Einbeziehung
der Widerstände gegen Anpassungsmaßnahmen erscheint bei der
Quantifizierung der Flexibilitätsanforderungen nicht sinnvoll, um mit Hilfe des Anforderungspotentials einen Soll-Zustand auf Basis der Flexibilitätsanforderungen festlegen zu
können.

Relativer Flexibilitätsgrad: Der relative Flexibilitätsgrad
erlaubt die Gegenüberstellung der Anforderungspotentiale als
quantifizierte Werte der Flexibilitätsanforderungen mit den
Flexibilitätsgraden. Der relative Flexibilitätsgrad umfaßt
die Relation zwischen dem Flexibilitätsgrad und dem Anforderungspotential für Anpassungsmaßnahmen.

Ablaufvorschriften: Ablaufvorschriften beschreiben Regeln
für die Systemabläufe, z.B. hinsichtlich des Werkstückflusses.

Steuerungsstrategien: Steuerungsstrategien sind Entscheidungen, wie z.B. Flexibilitätsanforderungen, die ausgehend von
dem aktuellen Systemzustand erfüllt werden sollen. Diese
Entscheidungen werden größtenteils während des Betreibens
des Montagesystemes von Menschen getroffen, die Steuerungsstrategien repräsentieren also menschliches Wissen.

Objektorientierte Produktionssysteme: Entsprechend dem Modell der menschlichen Informationsverarbeitung von Newell
und Simon /57/ kann menschliches Wissen durch Produktionsregeln repräsentiert werden. Eine Produktionsregel hat dabei
die Form:

(Bedingung(en)) - (Aktion(en))

Mehrere Produktionsregeln bilden ein Produktionssystem. Die
Produktionsregeln können objektorientiert gegliedert werden,
wobei als Objekt jedes abgrenzbare Wissen über etwas bezeichnet werden kann /58,59/.

A.2 Beispielhafte Steuerungsstrategien in einem Montagesystem

A.2.1 Ablaufvorschriften und Steuerungsstrategien

STEUERUNGSSTRATEGIEN

LIEFERTERMIN	PRODUKTE, TYPEN, VARIANTEN	STÖRUNGEN	PERSONALEINSATZ		STOCKZAHL-AUSBRINGUNG

• Unterbrechen des bisherigen Auftrages
 	
• Vorziehen eines speziellen Auftrages
	• Model-Mix
	
	• losweise Montage
	  o Umrüststrategien:
	    - Umrüsten durch Umrüster
	    - Umrüsten durch Montageumrüster
	    - sukzessives Umrüsten
		• schnelle Behebung
		  o durch Instandsetzungspersonal
		  o durch Montagepersonal
		
		• Reduzierung von Störungsauswirkungen
		  o Umsetzstrategien
		  o Umrüststrategien
			• Erhöhung der personellen Kapazität
			  o Mitarbeiter aus Personalpool
			  o Einstellung neuer Mitarbeiter
			
			• Qualifizierung der Mitarbeiter
			  o im System
			  o im Methodenraum
				• Umsetzstrategien
				  o Umsetzen innerhalb des Systems
				  o systemübergreifendes Umsetzen
				  o gleichmäßiges Umsetzen
				  o geringe Umsetzhäufigkeiten
				
				• Strategien zur Einbeziehung von Umfeldaufgaben
					• Personaleinsatz
					
					• Überstunden Schichtarbeit
					
					• Montage in parallelen Systemen

ABLAUFVORSCHRIFTEN

PRODUKTIONS-PROGRAMM	BETRIEBS-MITTEL	WERKSTÜCK-FLUSS	TÄTIGKEITEN		MITARBEITER	ZEITSTRUKTUR	EREIGNISSE
			direkt produktiv	indirekt produktiv			
• Model-Mix • losweise Montage	• Puffer • Arbeitsplätze • Automatik-station	• Linienprinzip • Parallelprinzip • Umlaufprinzip • Werkstückträgereinsatz	• Vormontage • Endmontage • Nacharbeit	• Kontrolle • Materialbereitstellung • Umrüsten • Instandsetzen • Führungstätigkeit	• Kapazität • Qualifikation • Motivation	• Arbeitszeit • Pausen • Taktzeit	• Ereignisse aufgrund der Zeitstruktur • Störungen • Loswechsel Umrüsten

Bild 49: Übersicht über Ablaufvorschriften und Steuerungsstrategien in einem Montagesystem

A.2.2   Steuerungsstrategien der Flexibilitätsanforderungen
         bezüglich Störungen

A.2.2.1 Störungsbehebung

PR 1:   (Betriebsmittel gestört)
         - ((Störungsursache feststellen) und (voraussicht-
           liche Störungsdauer abschätzen))

PR 2:   (Betriebsmittel voraussichtlich länger gestört)
         - (Vorgesetzten informieren)

PR 3:   ((Störung einfach ohne Ersatzteile behebbar) und
         (Störungsdauer voraussichtlich kurz))
         - (Auswahl eines Mitarbeiters zur Störungsbehebung)

PR 4:   ((Störung durch Austausch von Ersatzteilen behebbar)
         und (Ersatzteile vorhanden) und (Störungsdauer
         voraussichtlich kurz))
         - (Auswahl eines Mitarbeiters zur Störungsbehebung)

PR 5:   ((Störung einfach ohne Ersatzteile behebbar) und
         (Störungsdauer voraussichtlich länger))
         - ((Auswahl eines Mitarbeiters zur Störungsbehebung)
           und (Begrenzung der Störungsauswirkungen))

PR 6:   ((Störung durch Austausch von Ersatzteilen behebbar)
         und (Ersatzteile vorhanden) und (Störungsdauer
         voraussichtlich länger))
         - ((Auswahl eines Mitarbeiters zur Störungsbehebung)
           und (Begrenzung der Störungsauswirkungen))

PR 7:   ((Störung durch Austausch von Ersatzteilen behebbar)
         und (Ersatzteile nicht vorhanden))
         - ((Ersatzteile beschaffen) und (Begrenzung der Stö-
           rungsauswirkungen))

A.2.2.2 Auswahl eines Mitarbeiters zur Störungsbehebung

PR 8:   ((Mitarbeiter an gestörtem Arbeitsplatz qualifiziert
         für die Störungsbehebung) und (Störungsdauer
         voraussichtlich kurz))
         - (Störungsbehebung durch Mitarbeiter)

PR 9:   ((Mitarbeiter an gestörtem Arbeitsplatz qualifiziert
         für die Störungsbehebung) und (Störungsdauer
         voraussichtlich länger))
         - ((Störungsbehebung durch Mitarbeiter) und (Begren-
           zung der Störungsauswirkungen))

PR 10:   (Anderer Mitarbeiter des Systemes qualifiziert für
         die Störungsbehebung)
         - ((Störungsbehebung durch diesen Mitarbeiter) und
           (Begrenzung der Störungsauswirkungen))

PR 11:   (Instandsetzungspersonal für Störungsbehebung er-
         forderlich)
         - ((Instandsetzungspersonal anfordern) und (Begren-
           zung der Störungsauswirkungen))

A.2.2.3 Begrenzung der Störungsauswirkungen

PR 12:   ((Mitarbeiter aufgrund der Blockierung seines Ar-
         beitsplatzes durch die Störung ohne Aufgabe) und
         (unbesetzte Arbeitsplätze vorhanden) und (Mitarbei-
         ter qualifiziert für einen unbesetzten Arbeitsplatz)
         und (Puffer vor unbesetztem Arbeitsplatz nicht leer)
         und (Puffer hinter unbesetztem Arbeitsplatz nicht
         voll))
         - ((Umsetzen des Mitarbeiters an unbesetztem Ar-
           beitsplatz) und (Umsetzstrategien))

PR 13:   ((Mitarbeiter aufgrund der Blockierung seines Ar-
         beitsplatzes durch die Störung ohne Aufgabe) und
         (Umfeldaufgaben vorziehbar) und (Mitarbeiter quali-
         fiziert für Umfeldaufgaben))
         - (Mitarbeiter übernimmt Umfeldaufgaben)

PR 14:   ((Weitere Arbeitsplätze durch Störungsauswirkungen
         blockiert) und (keine freien Aufgaben mehr vorhan-
         den) und (gestörtes Betriebsmittel für anderes Pro-
         dukt, Type oder Variante nicht notwendig) und (Ma-
         terial für anderes Produkt, Type oder Variante ver-
         fügbar))
         - ((Umrüsten des Systemes auf anderes Produkt, Type
           oder Variante) und (Umrüststrategien))

PR 15:   ((Weitere Arbeitsplätze durch Störungsauswirkungen
         blockiert) und (Umrüsten auf anderes Produkt, Type
         oder Variante nicht möglich))
         - ((Stillegen des Systemes) und (Auflösen der Sy-
           stemmannschaft) und (Umsetzstrategien))

A.2.3   Steuerungsstrategien der Flexibilitätsanforderungen
         bezüglich Personaleinsatz

A.2.3.1 Erhöhung (Reduzierung) der personellen Kapazität

PR 16:   ((Erhöhung der personellen Kapazität kurzfristig)
         und (unbesetzte Arbeitsplätze vorhanden) und (Ar-
         beitsplätze mit terminungebundenen Tätigkeiten be-
         setzt))
         - ((Mitarbeiter von Arbeitsplätzen mit terminunge-
           bundenen Tätigkeiten an unbesetzte Arbeitsplätze
           umsetzen) und (Umsetzstrategien))

PR 17:   ((Erhöhung der personellen Kapazität kurzfristig)
         und (unbesetzte Arbeitsplätze vorhanden) und (Sprin-
         ger vorhanden))

    - ((Springer kurzzeitig an unbesetzten Arbeitsplatz
      umsetzen) und (Umsetzstrategien))

PR 18: ((Erhöhung der personellen Kapazität kurzfristig)
        und (unbesetzte Arbeitsplätze vorhanden) und (Nach-
        arbeitsplatz besetzt) und (Puffer vor Nacharbeits-
        platz nicht voll))
        - ((Mitarbeiter vom Nacharbeitsplatz an unbesetzten
          Arbeitsplatz umsetzen) und (Umsetzstrategien))

PR 19: ((Erhöhung der personellen Kapazität kurzfristig)
        und (Vormontageplätze besetzt) und (Puffer hinter
        Vormontageplätze nicht leer))
        - ((Mitarbeiter von Vormontageplätzen an unbesetzte
          Arbeitsplätze) und (Umsetzstrategien))

PR 20: ((Erhöhung der personellen Kapazität kurzfristig)
        und (Materialbereitstellung momentan nicht erforder-
        lich) und (Materialbereitsteller qualifiziert für
        Montagetätigkeiten))
        - ((Materialbereitsteller an unbesetzten Arbeits-
          platz) und (Umsetzstrategien))

PR 21: ((Erhöhung der personellen Kapazität kurzfristig)
        und (unbesetzte Arbeitsplätze vorhanden) und (Per-
        sonalpool vorhanden))
        - ((Mitarbeiter aus Personalpool an unbesetzten Ar-
          beitsplatz) und (Umsetzstrategien))

PR 22: ((Erhöhung (Reduzierung) der personellen Kapazität
        mittelfristig) und (Zustimmung des Betriebsrates))
        - (Überstunden (Kurzarbeit))

PR 23: (Erhöhung (Reduzierung) der personellen Kapazität
        längerfristig)
        - ((Beschaffung (Entlassung) neuer Mitarbeiter) und
          (Einlernstrategien) und (neue Leistungsabstimmung))

PR 24: (Erhöhung (Reduzierung) der personellen Kapazität
        längerfristig)
        - ((Erhöhung (Reduzierung) der Schichtenanzahl) und
        (Beschaffung (Entlassung) neuer Mitarbeiter) und
        (Einlernstrategien))

A.2.3.2 Einlernstrategien

PR 25: ((Neuer Mitarbeiter vorhanden) und (Qualifikations-
        anforderungen an Mitarbeiter niedrig) und (Einlern-
        arbeitsplatz im System durch Puffer entkoppelt))
        - ((Einlernen des neuen Mitarbeiters am Einlernar-
        beitsplatz im System) und (reduzierte Ausbringung
        in der Einlernphase))

PR 26: ((Neuer Mitarbeiter vorhanden) und (neuer Mitarbei-
        ter mit Vorqualifikation) und (Einlernarbeitsplatz
        im System durch Puffer entkoppelt))
        - ((Einlernen des neuen Mitarbeiters am Einlernar-
        beitsplatz im System) und (reduzierte Ausbringung
        in der Einlernphase))

PR 27: ((Neuer Mitarbeiter vorhanden) und (Methodenraum
        vorhanden))
        - (Einlernen im Methodenraum)

PR 28: ((Neuer Mitarbeiter vorhanden) und (Qualifikations-
        anforderungen an Mitarbeiter sehr hoch))
        -(Einlernen außerhalb des Systemes)

A.2.3.3 Umsetzstrategien

PR 29: ((Arbeitsplatzwechselkonzept zur Qualifizierung) und
        (keine unbesetzten Arbeitsplätze vorhanden) und
        (Mitarbeiter qualifiziert für mehrere Arbeitsplätze))
        - (Mitarbeiter wechseln gleichzeitig nach Absprache
        ihre Arbeitsplätze)

PR 30: ((Arbeitsplatzwechselkonzept zur Qualifizierung) und
        (unbesetzte Arbeitsplätze vorhanden) und (Mitarbei-
        ter qualifiziert für mehrere Arbeitsplätze) und (Ar-
        beitsplatz des Mitarbeiters durch leeren vorgelager-
        ten Puffer oder vollen nachgelagerten Puffer
        blockiert))
        - ((Auswahl eines unbesetzten Arbeitsplatzes) und
          (Umsetzen des Mitarbeiters))

PR 31: ((Auswahl eines unbesetzten Arbeitsplatzes) und (Ar-
        beitsplatz im hinteren Bereich des Systemes unbe-
        setzt) und (Mitarbeiter qualifiziert für unbesetzten
        Arbeitsplatz im hinteren Bereich des Systemes))
        - (Umsetzen des Mitarbeiters auf unbesetzten Ar-
          beitsplatz im hinteren Bereich des Systems)

PR 32: ((Auswahl eines unbesetzten Arbeitsplatzes) und
        (Pufferfüllstände für unbesetzte Arbeitsplätze un-
        terschiedlich) und (Mitarbeiter qualifiziert für un-
        besetzte Arbeitsplätze))
        - ((Ermittlung des unbesetzten Arbeitsplatzes mit
          möglichst vollem vorgelagerten und leerem nachge-
          lagerten Puffer) und (Umsetzen des Mitarbeiters an
          ermittelten unbesetzten Arbeitsplatz))

PR 33: ((Puffer vor unbesetztem Arbeitsplatz voll) oder
        (Puffer hinter unbesetztem Arbeitsplatz leer) und
        (Blockierung mehrerer Arbeitsplätze durch Puffer-
        füllstand des unbesetzten Arbeitsplatzes))
        - ((Auswahl eines Mitarbeiters zum Umsetzen) und
          (Umsetzen des ausgewählten Mitarbeiters an unbe-
          setzten Arbeitsplatz))

PR 34: ((Abgabe eines Mitarbeiters an Personalpool) und
        (mehrere Mitarbeiter für Personalpool qualifiziert))
        - ((Auswahl eines Mitarbeiters zum Umsetzen) und
          (Abgabe des ausgewählten Mitarbeiters an Personal-
          pool))

PR 35: ((Abgabe eines Mitarbeiters an anderes Montagesy-
        stem) und (mehrere Mitarbeiter für anderes Montage-
        system qualifiziert))
        - ((Auswahl eines Mitarbeiters zum Umsetzen) und
          (Abgabe des ausgewählten Mitarbeiters an anderes
          Montagesystem))

PR 36: ((Auswahl eines Mitarbeiters zum Umsetzen) und (meh-
        rere Mitarbeiter qualifziert für zu besetzenden Ar-
        beitsplatz))
        - (Umsetzen des Mitarbeiters, dessen vorgelagerter
          Puffer möglichst leer und dessen nachgelagerter
          Puffer möglichst voll ist).

PR 37: ((Auswahl eines Mitarbeiters zum Umsetzen) und (meh-
        rere Mitarbeiter qualifiziert für zu besetzenden Ar-
        beitsplatz))
        - (Umsetzen des Mitarbeiters, der in direkter Rei-
          henfolge von dem zu besetzenden Arbeitsplatz am
          weitesten entfernt ist)

PR 38: ((Auswahl eines Mitarbeiters zum Umsetzen) und (meh-
        rere Mitarbeiter qualifiziert für zu besetzenden Ar-
        beitsplatz))
        - (Umsetzen des Mitarbeiters, der am längsten an
          seinem bisherigen Arbeitsplatz verweilt)

PR 39: ((Auswahl eines Mitarbeiters zum Umsetzen) und (meh-
        rere Mitarbeiter qualifiziert für zu besetzenden Ar-
        beitsplatz))
        - (Umsetzen des Mitarbeiters, der bisher am wenig-
          sten umgesetzt wurde)

PR 40: ((Auswahl eines Mitarbeiters zum Umsetzen) und (meh-
        rere Mitarbeiter qualifiziert für zu besetzenden Ar-
        beitsplatz))
        - (zufälliges Umsetzen eines Mitarbeiters)

A.2.3.4 Strategien zur Einbeziehung von Umfeldaufgaben

PR 41:   ((Übernahme der Umfeldaufgaben durch Mitarbeiter
         aufgrund Qualifizierungskonzept) und (mehrere
         Mitarbeiter qualifiziert für Umfeldaufgaben))
         - ((Auswahl eines Mitarbeiters für alle Umfeldaufga-
           ben in einem bestimmten Zeitraum) und (Ausführung
           der Umfeldaufgaben durch diesen ausgewählten Mit-
           arbeiter))

PR 42:   ((Übernahme der Umfeldaufgaben durch Mitarbeiter
         aufgrund Qualifizierungskonzept) und (mehrere Mitar-
         beiter qualifiziert für Umfeldaufgaben))
         - ((Auswahl eines Mitarbeiters, dessen vorgelagerter
           Puffer möglichst leer und dessen nachgelagerter
           Puffer möglichst voll ist) und (Ausführung der Um-
           feldaufgaben durch ausgewählten Mitarbeiter))

PR 43:   ((Übernahme der Umfeldaufgaben durch Mitarbeiter
         aufgrund Qualifizierungskonzept) und (mehrere Mitar-
         beiter qualifiziert für Umfeldaufgaben))
         - ((Zufällige Auswahl eines Mitarbeiters) und (Aus-
           führung der Umfeldaufgaben durch zufällig ausge-
           wählten Mitarbeiter))

PR 44:   ((Übernahme von Umfeldaufgaben durch Mitarbeiter
         aufgrund Qualifizierungskonzept) und (spezielle Mit-
         arbeiter für spezielle Umfeldaufgaben qualifiziert))
         -, ((Ausführung der Umfeldaufgaben jeweils durch spe-
           zielle Mitarbeiter) und (Umsetzstrategien))

IPA Forschung und Praxis
Schriftenreihe aus dem Institut für Produktionstechnik und Automatisierung, Stuttgart

Herausgeber: Prof. Dr.-Ing. H. J. Warnecke

Datenerfassung im Produktionsbereich
Von E. Bendeich. ISBN 3-7830-0117-8.
1977, 176 Seiten, kartoniert.   54,— DM

Methodenauswahl für die Materialbewirtschaftung in Maschinenbau-Betrieben
Von H. Graf. ISBN 3-7830-0136-6.
1977, 144 Seiten, kartoniert.   54,— DM

Systematische Auswahl von Förderhilfsmitteln für den innerbetrieblichen Materialfluß
Von W. Rau. ISBN 3-7830-0139-0.
1977, 103 Seiten, kartoniert.   40,— DM

Grundlagen zur Planung von Ersatzteilfertigungen
Von E. Schulz. ISBN 3-7830-0138-2.
1977, 98 Seiten, kartoniert.   40,— DM

Rechnerunterstützte Fabrikplanung
Von B. Minten. ISBN 3-7830-0116-1.
1977, 124 Seiten, kartoniert.   38,— DM

Eine Planungsmethode für automatische Montagesysteme
Von H.-G. Löhr. ISBN 3-7830-0120-X.
1977, 108 Seiten, kartoniert.   32,— DM

Planung und Bewertung von Arbeitssystemen in der Montage
Von H. Metzger. ISBN 3-7830-0131-5.
1977, 108 Seiten, kartoniert.   40,— DM

Klassifizierungssystem für Prüfmittel der industriellen Längenprüftechnik
Von R. Czetto. ISBN 3-7830-0144-7.
1978, 181 Seiten, kartoniert.   64,— DM

Rechnerunterstützte Montageplanung
Von O. Hirschbach. ISBN 3-7830-0149-8.
1978, 146 Seiten, kartoniert.   52,— DM

Rechnerunterstützte Entwicklung von Simulationsmodellen für Unternehmensplanspiele
Von A. Moker. ISBN 3-7830-0147-1.
1978, 181 Seiten, kartoniert.   64,— DM

Arbeitsplatzanalysen zur Ermittlung der Einsatzmöglichkeiten und Anforderungen an Industrieroboter
Von G. Herrmann. ISBN 37830-0151-X.
1978, 113 Seiten, kartoniert.   40,— DM

MFSP — Ein Verfahren zur Simulation komplexer Materialflußsysteme
Von G. Stemmer. ISBN 3-7830-0118-8.
1977, 140 Seiten, kartoniert.   60,— DM

Berührungslose Erkennung durch Positionsbestimmung von Objekten durch inkohärent-optische Korrelation
Von M. König. ISBN 3-7830-0137-4.
1977, 110 Seiten, kartoniert.   40,— DM

Auslegung von Störungspuffern in kapitalintensiven Fertigungslinien
Von R. v. Stetten. ISBN 3-7830-0140-4.
1977, 154 Seiten, kartoniert.   56,— DM

Flexible Transportablaufsteuerung
Von G. Römer. ISBN 3-7830-0114-5.
1977, 188 Seiten, kartoniert.   60,— DM

Rechnergestützte Realplanung von Fabrikanlagen
Von T.-K. Sauter. ISBN 3-7830-0119-6.
1977, 108 Seiten, kartoniert.   32,— DM

Systematisches Auswählen und Konzipieren von programmierbaren Handhabungsgeräten
Von R. D. Schraft. ISBN 3-7830-0115-3.
1977, 108 Seiten, kartoniert.   32,— DM

Auslandsproduktion
Von W. Cypris. ISBN 3-7830-0145-5.
1978, 126 Seiten, kartoniert.   42,— DM

Wirtschaftlicher Einsatz von Mehrkoordinatenmeßgeräten
Von M. Dietzsch. ISBN 3-7830-0148-X.
1978, 142 Seiten, kartoniert.   52,— DM

Fertigungssteuerung bei flexiblen Arbeitsstrukturen
Von K.-G. Lederer. ISBN 3-7830-0146-3.
1978, 128 Seiten, kartoniert.   42,— DM

Untersuchungen zum Polieren und Entgraten durch elektrochemisches Oberflächenabtragen
Von K. Zerweck. ISBN 3-7830-0150-1.
1978, 110 Seiten, kartoniert.   40,— DM

IPA Forschung und Praxis

Berichte aus dem Fraunhofer-Institut für Produktionstechnik und Automatisierung, Stuttgart, und dem Institut für Industrielle Fertigung und Fabrikbetrieb der Universität Stuttgart

Herausgeber: Prof. Dr.-Ing. H. J. Warnecke

IPA-IAO Forschung und Praxis

Berichte aus dem Fraunhofer-Institut für Produktionstechnik und Automatisierung (IPA), Stuttgart, Fraunhofer-Institut für Arbeitswirtschaft und Organisation (IAO), Stuttgart, und Institut für Industrielle Fertigung und Fabrikbetrieb der Universität Stuttgart

Herausgeber: Prof. Dr.-Ing. H. J. Warnecke und Prof. Dr.-Ing. H.-J. Bullinger

---

80 **Flexibilität und Kapazität von Werkstückspeichersystemen**
Von Bernhard Graf. ISBN 3-540-13970-2.
1984, 115 Seiten mit 71 Abbildungen. — 63,— DM

T1 **Flexible Fertigungssysteme**
17. IPA-Arbeitstagung zusammen mit der 3. Internationalen Konferenz „Flexible Manufacturing Systems (FMS-3)", ISBN 3-540-13807-2.
1984, 249 Seiten mit zahlreichen Abbildungen. — 118,— DM

T2 **Integrierte Bürosysteme**
3. IAO-Arbeitstagung. ISBN 3-540-13978-8.
1984, 633 Seiten mit zahlreichen Abbildungen. — 168,— DM

81 **Rechnerunterstützte Planung von Montageablaufstrukturen für Erzeugnisse der Serienfertigung**
Von Ernst-Dieter Ammer. ISBN 3-540-15056-0.
1985, 120 Seiten mit 1 Faltblatt und 33 Abbildungen. — 63,— DM

82 **Flexibilität von personalintensiven Montagesystemen bei Serienfertigung**
Von Heinrich Vähning. ISBN 3-540-15093-5.
1985, 152 Seiten mit 48 Abbildungen. — 63,— DM

Die Bände sind im Erscheinungsjahr und in den folgenden drei Kalenderjahren zu beziehen durch den örtlichen Buchhandel oder durch Lange & Springer, Heidelberger Platz 3, D-1000 Berlin 33.